Marriage Psychology

婚姻心理学

[美]卡伦·霍妮 著　董乐乐 译

北方联合出版传媒(集团)股份有限公司

万卷出版有限责任公司

婚姻是一个自我完善的过程

　　小时候，当我们看到"王子和公主从此幸福快乐地生活在一起"时，会意犹未尽地合上书本，因为童话故事通常到这里就结束了。长大后，再回忆起儿时读过的童话，我们的脑海中可能会浮现出一个疑问：灰姑娘、白雪公主、睡美人和她们的王子后来过得怎么样？

　　人生无法像童话一样，定格在最美好的瞬间。童话故事的结局，刚好是婚姻故事的开始。

　　有人说，大多数人三分之二的生命都是在婚姻中度过的。如果换个角度来看，其实大多数人一生都是在婚姻中度过的。在步入自己的婚姻之前，大多数人是父母婚姻的组成部分。后面我们会提到，父母的婚姻（原生家庭）会对子女的生活，尤其是婚姻生活，产生非常大的影响。

由此可见，婚姻关系是社会关系中非常重要的一环。

作为父母婚姻关系的一部分时，无论父母的关系是好还是坏，你都会觉得他们从来如此，或者注定如此。你会认为，他们相亲相爱，是因为一开始就找对了人；他们关系不睦，是因为一开始就性格不合。你无法想象自己的父母也曾有初次相识的生疏感；在决定携手一生时，也曾心中不安或是充满期许。

在选择婚姻时，很多人觉得自己面对的是一场豪赌，未来幸福与否在此一举。他们闭上眼，默默祈祷：双脚迈入的是天堂，而不是地狱。

其实，婚姻不是一次抽签，也不是一次许愿，而是一个过程。你要从浪漫的云端降到脚踏实地的生活中，从琐碎中找到人生的意义和美好。婚姻不是做一次选择就可以了，你要在往后的婚姻中面对新生的喜悦和死亡的悲伤，经历人生的起起伏伏。之前的知识和经验远远不够，所有进入婚姻的人都要在这个过程中不断完善自我，才有可能应对自如，收获幸福。因为随着时间的流逝，你的伴侣会改变，周围的环境会改变，甚至你自己也无时无刻不在变化着。

可是，当人们真正进入婚姻生活之后，总是忘记自己身处婚姻关系中。很多婚姻失败或者对婚姻失望的人，都缺少婚姻意识。想要婚姻关系融洽，首先要意识到，婚姻关系不只是激情四射的恋爱关系，你的伴侣不只是让你心跳加速的恋人；婚姻关系也不是与生俱来的血缘关系，你的另一半不是和父母、子女一样的家人。

步入婚姻，意味着双方放弃无拘无束的自由，心甘情愿地套上道德和法治的枷锁，主动背负起另一个人的人生。

有的人希望婚后的情感像恋爱一样。然而，心跳加速并不是爱情的常态，亢奋的恋爱也不是婚姻的常态。在细水长流中，谨记责任，建立信任，才是婚姻中的爱情。

也有人发自内心地认为，婚姻是爱情的坟墓，婚后的人生与爱情无关。可是，婚姻中如果没有爱情，只有责任，自己身上的枷锁就会显得无比沉重，别人的人生也只是自己的累赘。

我们常说，寻找自己的终身伴侣就是在寻觅自己的另一半。但是，并非找到了便会永久完整。适应自己的另一半，维系两人的关系，需要新的能力。

很少有人接受过婚姻教育，以至于大多数人在得到爱情这个馈赠时，不知道该做些什么，只会消耗它，却不知道美好的婚姻应该在爱情的基础上，一步一步去建设。

让我们放弃成年人的骄傲，点燃自己求知和探索的欲望火炬吧，去深入绘满婚姻知识和相关心理分析的洞穴，发现婚姻关系中隐藏的密码，找到一条属于自己的通往幸福婚姻的道路。

情感与冲突

动物的行为主要由本能决定。它们的交配、抚育后代、觅食、防御行为，都已经被写入本能，个体意志在这些领域几乎无所作为。

凭借意志做出选择是人类的特权，同时也是人类的负担。

这里的选择是指，我们必须在两个相反的欲望中取舍。比如我们想要独处，但也想有人陪伴。我们的愿望和义务也会发生冲突。例如，我们希望与爱人在一起，此时却有其他人或其他事需要我们。医生、警察等职业的人更是常常要面对这类冲突。

这些冲突主要源于我们所处的文化。在恪守传统、文化没有太大发展或波动的时期，由于选择的种类有限，个体可能遇见的冲突不会太多。即便如此，冲突也不会完全消失：一种忠诚与另一种忠诚也会产生矛盾。如果文化正处于快速转型时期，多种矛盾的价值观和完全不同的生活方式并存，一个人所面对的选项就会增加，选择也会变得困难。我们可以认为两性关系是情感关系，也可以认为两性关系与情感无关；我们可以认为婚姻只不过是一种虚无的形式主义，也可以认为婚姻是神圣的约定。

要意识到矛盾的存在，并在此基础上做出决定，我们首先必须明白自己的愿望是什么，更重要的是明白自己的感情：我是真的喜欢某人，还是仅仅觉得应该喜欢他所以才喜欢他？我是真的想成为一位律师或医生，还是仅仅因为这个职业受人尊敬且收入丰厚？

这些问题看似简单，却不容易回答。这表明，很多时候我们根本不知道自己真正的感受和需要是什么。

由于冲突通常与信念、信仰或道德观有关，当我们建立了完善的价值观，才有可能理解这些冲突。从别人那里听来的价值观不足以导致冲突，也很难指导我们做出决定，受到新的价值观影响时，听来的价值观就很容易被抛弃。当一个已婚男子爱上另一个女人时，就已经陷入冲突了。当无法确定自己对婚姻的信念时，他会选择一条最省事的解决之道，而不是直面冲突做出决定。

很少有人能够头脑清醒地自觉放弃其中一个选项，我们的情感和信念是无法清楚分割的。说到底，或许是因为大多数人没有足够的安全感和幸福感，无法坦然放弃。

一个人要做出决定，前提是他愿意并且有能力对决定负责，其中包括要承担有可能做出错误决定的风险和此后的一切后果。他必须具备内在的力量和独立性，才会产生"这是我的决定，我自己的事"的想法，这种素质明显是大多数人所欠缺的。

冲突几乎注定是痛苦的，但我们也会从中获得宝贵的能力，我们越是勇于面对冲突，并努力寻求解决方法，就越容易获得内心的自由和更强大的力量。

卡伦·霍妮

目 录
Contents

1

什么是婚姻

Marriage Psychology

爱情是现代婚姻的基础。

婚姻关系中的两个人，

既要追求精神层面的绝对浪漫，

又要处理现实层面的生活琐事，

互相支持，彼此包容，以及相似的社会背景，

才是维持婚姻关系的关键。

相伴一生的人，
你们后悔自己曾经的选择吗

　　万圣节派对结束之后，丹尼开着车和杰西一起回家。和往日不一样，这天虽然已经是凌晨三点，路上仍是车来车往。不时能看到车里的青年将半个身子探出车外，尖叫着，释放狂欢后残余的激情。

　　杰西放松地坐在副驾驶座位上，笑着叹息道："我已经累得没力气尖叫了，只想赶紧回家睡觉，也许我已经老了……"

　　丹尼一边留意路面上不太守规矩的车辆，一边答道："如果你从现在就开始说这样的话，那么这话你要说很多年。"丹尼顿了一下接着说，"你猜你刚才在停车场遇到了谁？"

　　杰西扭过头问："谁？"

　　丹尼回答说："我妈妈的妹妹，杰西阿姨。她比你大20岁，还要去参加下一个派对呢。她可不会觉得自己老了。"

杰西的后背离开座椅，惊讶地问："和我名字一样的那个阿姨？她怎么样？还没有结婚吗？"

丹尼回道："是的，还是和以前一样，到处玩。她问我为什么还没和你结婚。"

杰西哈哈笑了两声："这话更应该问她吧！不过，好羡慕她，能一直这么潇洒。今天在派对上，康纳也问了我同样的问题，怎么还不和你结婚。"

丹尼问道："是呀，为什么我们还不结婚？你怎么回答的？"

杰西皱皱眉说："我说……我们现在很好。"她扭过头看着丹尼，"我们现在这样不好吗？"

丹尼说："我觉得很好，可是为什么不结婚呢？不然我们结婚吧。"

两人从大学相识，至今已有近10年。杰西看了看丹尼的侧脸，想着他因为记得要开车，在热闹的派对上没有喝一滴酒，果断地点了点头说："好，我们结婚吧。"

杰西是因为丹尼没有酒后开车所以决定嫁给他吗？当然不是。是因为接二连三地有人询问他们为什么不结婚吗？当然也不是。那到底是因为什么呢？

　　答案是当他们想进入婚姻关系时，身边恰巧是那个愿意共度一生的人，这也是成长的自发力和文化因素共同作用的结果。这里的文化因素体现在亲友的询问，即便是大龄单身的杰西阿姨也认可：在这个社会，相爱的适龄男女最终应该进入婚姻，组成家庭。

　　杰西说"好"的时候，并不清楚婚姻意味着什么，也不知道婚姻到底是什么。直至后来她和丹尼一起经历孩子出生、父母死亡，一起体验过无数的喜乐苦痛，在丹尼的注视下步入死亡，她也无法做出总结。只是那一刻，她清楚地知道，自己此时此刻没有对当初的那个"好"感到后悔。

　　从来没有后悔过吗？每一段或长或短的婚姻中，总会有后悔的时候。后悔情绪出现的频率低，并最终无悔，就可以算是幸福的婚姻了。

婚姻是爱情的坟墓
还是爱情的延续

研究表明，婚姻能大幅降低犯罪率。有研究人员花了十多年时间，持续追踪数百对男性双胞胎，见证他们从 17 岁到 29 岁的成长过程。研究人员发现，一人已婚而另一人单身的同卵双胞胎中，已婚者与未婚者相比，反社会行为更少。

同卵双胞胎基因相似、成长环境相似，出现这样的差异至少在某种程度上可以说明婚姻有助于降低男性的犯罪率和暴力倾向。

为什么某些男性的暴力行为会在婚后得以改善，原因尚不明确。可能是因为已婚男性要花费更多时间在家庭生活中，出去喝酒狂欢的时间减少，酒后的非理性行为也随之减少。另外，已婚男性要顾及妻子的感受。同时，他们更有意愿去计算逾矩行为的得失。

因此，可以说，婚姻对整个社会都是有益的。

从个人角度来看，总体上，已婚人士的生活方式更健康，身体也更健康，往往更长寿，患抑郁症、心脏病的比例更低。不难理解，已婚人士大部分时间有人陪伴，突发疾病时更有可能被及时送医，因此突发疾病死亡的比例也会跟着降低。

以上，是婚姻关系最直观的好处。

我们知道，凡事都有两面性。

很多人听说过这样的说法，当发生无法确定凶手的凶杀案时，警察首先怀疑的是死者的伴侣。虽然全球每年的杀妻/夫案在所有凶杀案中占比多少目前还没有权威的统计，但是这样的说法足以证明，婚姻和大多数人的想象不同，其中暗藏着很多危险。这也从侧面反映出，两个外人看来亲密无间的人，在相处时会产生多么严重的摩擦。

从本质上来讲，人都是自私的。但是，婚姻主张的是无私奉献。在激情的蒙蔽之下，短时间内或许可以做到无私。可是当激情退去之后，如果二人没有共同的理想，势必会重新回到自私自利的道路上。如果只是如此还算好的，大不了各走各的路。但是，有些人在进入婚姻关系之后，会把伴侣视作自己的附属，理所当然地认为，对方也应该为自己的利益奋斗。不仅如此，有些人从心理上希望能够支配伴侣的生活，认为这样做能帮对方适应并控制焦虑。由此，会引发无数矛盾。

即便我们往好的方向去想，为了获得幸福的婚姻，不羁的男孩逼着自己成为可靠的丈夫，任性的女孩学着做一位善解人意的妻子。在这个过程中，夫妻双方不得不压抑自己的个性，这也正是很多已婚人士抱怨"结婚之后失去自我"的原因。

有些只看到婚姻负面效应的人，甚至会为了保持自我，为了专心发展自己的兴趣或事业，选择终身不进入婚姻关系。

婚姻是一种特殊的亲密关系

　　婚姻关系与血缘关系不同，并不是人类与生俱来的，而是社会发展的产物。

　　早期人类社会，如原始社会，并不存在明确的婚姻制度。一夫一妻制是文明时代开始的标志之一。

　　原始社会早、中期之所以是母系氏族，并不是因为女性采集的生产力高于男性狩猎的生产力。毕竟女性的体能弱势一直存在，即便真如某些史学家所言，女性采集可以提供更稳定的食物来源，男性也可以凭借体能上的优势，通过掠夺来占有食物的分配权。母系氏族的存在是因为当时婚姻制度尚未形成，群体中的下一代只能确认母亲的身份，无法确认父亲的身份。

　　在这里，我要提醒大家认清一个现实，母系社会并非女权社会，年长的女性可能在群体中有一定地位，但是并不拥有绝对的权力，因为权力是靠力量掌握的。

随着人类发展，群体生产的物品开始出现剩余，人们用剩余的物品进行交换，慢慢地便产生了财产的概念，对物的占有进一步扩大到对人的占有。男性对女性的占有，起初可能并非源于两性关系中的独占思想，而是一种确认下一代生父的手段。将可以生育的女性留在身边，并禁止她与其他男性交配，就可以确定这个女人生的孩子是自己的后代。

现代婚姻属于专偶婚，是罕有的一对一的人际关系。我们不妨思考一下，周围的人际关系有哪几类。

血缘关系

师生关系

同学 / 同事关系

邻里关系

医患关系

朋友关系

雇佣关系

……

所有这些关系中，只有婚姻关系是一对一，绝对容不下第三人的。一对一的模式意味着关系里的空间更小，两人更亲密，模糊空间自然也跟着缩减。但可能引发的冲突会随着模糊空间的压缩而增加。

大部分人相信，爱情是现代婚姻的基础。但是种种迹象表明，浪漫的激情是难以持续的，相互支持，彼此包容，以及相似的社会背景，才是维持婚姻关系的关键。另一方面，那些存续时间相对长久的婚姻也有各自的问题，有的甚至已经名存实亡，这样的婚姻即便持续百年，恐怕也不能用成功和幸福来形容。如此看来，幸福的婚姻似乎成了小概率事件，婚姻制度陷入了死循环。

我们希望与爱人携手终老，同时也希望友情地久天长，希望家人能永远陪在自己身边。从这个角度来看，无论什么样的关系，我们都期待稳固长久。那么，为什么唯独长久的婚姻，显得尤为奢侈？

因为婚姻关系是最矛盾，也是最复杂的。其中的矛盾在于，婚姻关系中的两个人既追求精神层面的完美无瑕、绝对浪漫，又要处理现实层面的生活琐事。其中的复杂在于，它有情感、法律和道德的三重约束，婚姻关系中的两个人即便没有情感了，在法律和道德上仍有互相扶助的义务和责任。

可是，这三重约束不仅不能使婚姻关系变得坚不可摧，久而久之还会使人产生猜疑心理。所有的人都有追求完美的心理，他们希望自己的婚姻无须法律和道德的帮衬，单靠爱情就能长久维系。可是一旦感情出现一点波动，虽然不至于威胁婚姻的稳定，有些人还是忍不住会想：如果不是因为一纸证书，或者离婚麻烦，或者担心受到指责，我们是不是已经分开了？这种猜疑会进一步放大情感的波动，更有甚者会想去证实自己的猜疑到底是不是真的，于是会因为不足挂齿的小事提出离婚。

与无须维系、天然存在的血缘关系，以及同样无须费力维系、不会牵扯到那么多责任和义务的友情相比，婚姻关系的维系和解除都是很麻烦的事。

婚姻是一个完善自身的过程

前面我们提到过，相爱的适龄男女想要进入婚姻，是成长的自发力和文化因素共同作用的结果。那我们就从精神分析的角度来谈谈：成长的自发力为什么会让人们想要进入婚姻；人类社会在发展过程中摒弃了无数传统，为什么婚姻顽强地留了下来。

孩子在很小的时候，就会有性别的概念，但是直到青春期才开始形成性别角色意识。一般来讲，孩子从十岁左右进入青春期，第二性征开始发育，到十七八岁发育成熟。青春期的孩子开始关注异性，受异性的吸引。这时候遇到喜欢的异性，他们会热烈地追求对方、靠近对方，但是不会想到与对方结婚。不仅如此，受父母婚姻关系的影响，处于青春期的孩子中，明确表示"我一辈子都不结婚"的占比非常大。可是，随着年龄增大，大多数人都会放弃这种"幼稚"的想法，步父母的后尘，与人结婚生子。这一切到底是如何发生的？

我（新郎）请你（新娘）做我的妻子，我生命中的伴侣和我唯一的爱人。

我会珍惜我们的友谊，爱你，不论是现在、将来，还是永远。

我会信任你，尊敬你。

我会和你一起欢笑，一起哭泣。

我会忠诚地爱着你。

无论未来是好的还是坏的，是艰难的还是安乐的，我都会陪你一起度过。

无论准备迎接什么样的生活，我都会一直守护在这里。

就像我伸出手让你紧握住一样，

我会将我的生命交付与你。

所以请帮助我，我的主。

我（新娘）请你（新郎）做我的丈夫，我生命中的伴侣和我唯一的爱人。

我会珍惜我们的友谊，爱你，不论是现在、将来，还是永远。

我会信任你，尊敬你。

我会和你一起欢笑，一起哭泣。

我会忠诚地爱着你。

无论未来是好的还是坏的，是艰难的还是安乐的，我都会陪你一起度过。

无论准备迎接什么样的生活，我都会一直守护在这里。

就像我伸出手让你紧握住一样，

我会将我的生命交付于你。

所以请帮助我，我的主。

真诚地恳求上帝让我不要离开你，或是让我跟随在你身后，

因为你到哪里我就会到哪里，

因为你的停留所以我停留。

你爱的人将成为我爱的人，

你的主也会成为我的主。

你在哪里死去，我也将和你一起在那里被埋葬，

也许主要求我做得更多，但是不论发生任何事情，都会在你身边。

基督教的结婚誓词流传极广，甚至很多非基督教徒也会在

婚礼中宣读这段誓词，因为它是那样贴合人们对婚姻的期待。

其实，这段誓词解答了上面的很多问题。

谁不想找到自己"生命的伴侣""唯一的爱人"？谁不想"永远"被爱，被人"尊敬"，得到一个人的"忠诚"？谁不希望有人"将我的生命交付与你"，"无论发生任何事情，都会在你身边"，能与自己相爱的人在死后"一起被埋葬"？

这段誓词十分有针对性，针对的全是人们对人生的恐惧：孤独、不被爱、不受尊敬、遭遇背叛、无人依靠，甚至是对死亡未知的恐惧。它似乎在说：婚姻能帮你摆脱这些恐惧。

人在幼年时的恐惧和无能为力，有一个有力的寄托，那就是长大。小孩子认为，长大之后，自己会变得有力量，有智慧来对抗一切。

长大之后，小时候的问题确实得到了很大程度的解决。原本邻居家可怕的、如地狱恶犬般狂吠的狗，现在只到自己的膝盖；原本绞尽脑汁也算不出来的三加五，现在不需要思考就知道等于八；小时候父母说"你再不听话，我就不要你了"，会把你吓得瑟瑟发抖，长大后却希望能赶紧摆脱父母。在克服这些恐惧的过程中，你会渐渐忘记自己幼时的恐惧，只记得当时的（甚至是虚构的）快乐。

　　随着身体和头脑的强大，小时候的恐惧一个个被你克服，新的恐惧（对人生、对死亡等方面的恐惧）尚未出现，或者只零星出现了几个。这时候你的自信会达到一个峰值，迎来最意气风发的时期。你会无限放大自己的梦想，出现"要做世界上最伟大的科学家"之类的想法。

　　可是，成年人的生活正式开始之后，几乎秒针动一下，都会削在你的自信上。虽然你可能已经不记得了，但是恐惧和无能为力的感觉对你已经熟门熟路，轻松在你身上找到最合适的位置，安顿了下来。小时候你指望长大，这时候你能指望什么呢？

　　思来想去，只能指望自己暂时是不完整的，只要能找到自己的另一半，你们合二为一，就会变得更加强大。指望自己历经生活的重重磨砺苦战之后，哪怕力竭而亡，也能有人与自己相伴着长眠地下。就像我们害怕走夜路，但只要能有个人同行就不怕了。

　　我们前面提到过，只有婚姻关系是一对一的，这种一对一的关系，正好符合你对寻找另一半的期待。

　　柏拉图在《会饮篇》中有过这样的描述：

从前人类有三种人，不像现在只有两种。在男人和女人之外，还有一种不男不女、亦男亦女的人，他们被称为"阴阳人"。这种人现在已经绝迹，他们在外形上也与现在的人不同。那些阴阳人的腰和背都是圆的，每人有四只手、四只脚，头和颈也是圆的，头上有两副面孔，前后方向相反，耳朵有两个，生殖器有一对，其他器官的数目都依比例加倍。

为什么从前会有三种人？阴阳人的身体为什么会是这样的？因为男人由太阳生出，女人由大地生出，阴阳人由月亮生出，而月亮同时具备太阳和大地的性格。

阴阳人的体力和精力都非常充沛，因此自高自大，乃至于图谋造反。宙斯和众神便商量对策，他们不能灭绝人类，因为他们还需要人类去崇拜他们，祭拜他们。但他们无法容忍人类的蛮横无礼。于是宙斯想出一个办法，让人类活着，但要削弱他们的力量，使他们不敢再捣乱。想出来的办法就是把阴阳人分成两半，这样他们的力量削弱了，而数目加倍了，侍奉神的人和献给神的礼物也会加倍。分开以后，他们只能用两只脚走路。

阴阳人被分成两半之后，会互相思念，想再合在一起。他们认为与所爱的人在一起，并不是两个人走到一起，而是合二为一。因为那就是他们最初的状态，在他们看来：我们本来是完整的，所谓的爱情就是对于那种完整的希冀和追求。

婚姻带给我们的安全感

总的来说，想让婚姻持续下去的原因有三个：希望婚姻这套解决方案能够奏效，甚至持续奏效；走上一条路便想一直走下去的惯性；对未知的恐惧。

所有人进入婚姻时，都是怀着期待的。这种期待和儿时期待长大是一样的。只是长大是一个缓慢的过程，进入婚姻是一个瞬间的过程。前一刻你还是未婚，后一刻你就成了另一个人的丈夫或妻子。

已婚的人常常会有一种感觉：我没有退路了。并不是说你不能退回原来单身的状态，而是如果与另一个人的结合都无法实现你的期待，克服你的恐惧和无力感，你就再也没有别的办法了。

于是，你会想方设法让婚姻发挥出它的力量。在这个过程中，你可能发现，你的伴侣确实能帮你解决很多自己无法解决的问题。有情感、道德和法律撑腰，你可以理直气壮地依靠一个人，因此获得安全感。你也可能发现，你的伴侣并不像你所期待的那样，你会尝试用"磨合"之类的说法做出解释，"积极"地去改造对方，让对方成为符合你期待的人。这时，你仍然对婚姻这套解决方案抱有希望。

如此一来，得到的结果分别可能是：一、你的伴侣刚结婚时能帮你解决问题，现在依然能帮你解决问题，你当然希望婚姻持续下去；二、你的伴侣刚结婚时能帮你解决问题，现在不能帮你解决问题，你希望婚姻持续下去，然后通过努力回到新婚时的状态；三、你的伴侣刚结婚时不能帮你解决问题，经过你的改造，已经能帮你解决部分问题，你希望婚姻持续下去，继续改造他；四、你的伴侣刚结婚时不能帮你解决问题，现在依然不能帮你解决问题，这段时间，你忙着解决各种问题，可能还包括伴侣的问题，不希望再增加新的问题（也就是离婚所产生的问题），所以希望婚姻持续下去。上述都属于维持婚姻的惯性动力。

另外，很多失败的婚姻中，一方甚至双方仍不想离婚，这并不是对未来还有期待，而是单纯地出于对未知的恐惧。当婚姻不能奏效的时候，还能怎么办？没有结过婚的人会说，有什么好恐惧的，大不了回到单身的时候。但是结过婚的人，会觉得回不到过去了，时过境迁，离婚和未婚是不一样的。他们不敢想象离婚之后会怎么样，会面对什么。另外，还有很多有关离婚的"恐怖故事"，像传说中的鬼魅那样吓唬他们。不是也有离婚之后，过得很好的"美好故事"吗？他们为什么不往这方面想？一是因为与"恐怖故事"相比，"美好故事"相对较少。二是因为婚姻失败会大大打击他们的自信心，大多数人会产生"这种小概率的好事不会发生在我身上"的想法。哪怕婚姻已经陷入泥沼，他们也会选择继续在熟悉的泥沼中慢慢沉沦，唯恐努力挣扎着迈出去，前面是一个铺满钢刺的陷阱。

上述原因，使得大部分进入婚姻的人，都希望婚姻能够持续下去。

2

好的婚姻，
就是和对的人做对的事

Marriage Psychology

需要面对现实的是你和你的伴侣，

不是你们的爱情。

你和你的伴侣应该勇敢地站在爱情与现实之间，

构筑爱情的堡垒。

让爱情成为你的补给，

给你抵御现实的勇气和力量。

获得爱情的方法

我们得承认，爱情是一种高级的精神享受，并不是所有人都能享受爱情的甘甜。爱神不会照顾到所有人，有些人终其一生都没能寻觅到属于自己的爱情。可是，这些人就应该早早地放弃对幸福婚姻的渴望，看着别人的故事，咀嚼自己酸楚的人生吗？

其实，获得爱情的方法有很多，并不是只有等待这一种。

我的邻居爱德华夫人是一位非常爱花的老太太。每年夏天，我都能看见她坐在门廊下，端着精致的茶杯，静静地欣赏自己院子里的鲜花。

她家的院子总是能吸引附近的邻居驻足。我每次经过她家的蔷薇栅栏时，都会忍不住深深地嗅上几缕芬芳。

有一次，我途经爱德华夫人家的院子，见她正在摆弄那些花，于是和她闲聊了一会儿，我问她："为什么我怎么也种不好呢？你真是有一双天赐的妙手！"

爱德华夫人摘下做工的手套，和蔼地笑着："你看这是一双多么普通的手，甚至不是很灵活。种不出好看的花，不怪你的手。这附近的土地有一层很厚的砂砾，没有充足的养分，只有野草和根深的大树不受影响，花儿自然难以成活。"

她戴上手套，一边干活一边对我说："我铲掉了一层砂砾，又从后面的山坡挖来树叶才沤成沃土，你知道我费了多大劲吗？你知道这院子里有多少枯死的花枝吗？即便是现在，每年我都要攒上好些树叶，沤成肥，撒到院子里。"

我原本以为种花只是老年人闲来无事，打发时间的爱好，没想到这满院的芬芳竟是她多年苦心经营得来的。

幸福的婚姻也是一样。没有怦然心动，未必就不能获得爱情，享受幸福的婚姻。

爱情的基本倾向是奉献，衡量一个人对异性有无爱情、强度如何，可以通过"是否发自内心帮助所爱之人做其所期待的事情"这个标准来判断。反之，如果双方有意识地从行为上满足这个标准，他们也可以通过努力耕耘，收获一份美满的爱情，就像爱德华夫人在贫瘠的土地上种出满院鲜花那样。

面包和爱情，
婚姻需要什么

　　如果你在思考"我到底是要面包，还是要爱情"，那么请马上停止这种无意义的思考，因为面包和爱情并不是只能二选一的对立条件。

　　放弃面包，只要爱情，那么你的婚姻会马上"饿死"；只选择面包，完全不将爱情放在眼里，那么随着时间推移，你会发现你的婚姻根本不是婚姻，而是一项工作，你想从工作中获得家庭的温暖、婚姻的幸福，无疑是痴人说梦。

　　可是，确实有很多人在选择婚姻时会遇到难以抉择的问题。这时候该怎么办呢？例如，A 的条件好，可是我对 B 更有感觉。

　　如果你有这样的困惑，那么此时你一定忘了，感情不是选择题。A、B 并不是躺在纸面上的两个答案，他们是两个人，在你选择他们的时候，他们也在选择你。

此时，你需要做的是：

首先，展现真正的自我。

如果你想要的是一段长久、稳定的婚姻，那你一定不希望永远活在面具之下。展现真正的自我，可以让对方选择：是进一步靠近你，还是退出。

其次，判断面包和爱情在你心中的价值。

这里特别指出的是，不要认为选择爱情是高尚的，这会影响你的判断。尽量做到中立、客观地看待自己内心的需求。你甚至可以在内心做一番推演。例如，如果我现在选择那个让我更心动的人，我是否愿意，是否有能力与他共同奋斗，奋斗出想要的生活，经历生活的酸甜苦辣后，还能依然牵着他的手，体会幸福在侧的温暖；如果不能，将来我是否会捶胸顿足，懊悔自己现在的选择。如果我现在选择那个物质条件更优秀的人，未来我们能否在共同生活的过程中，培养出相互吸引的感情，我是否会在午夜梦回时常想起那个让我心动的人，这种感觉会不会折磨得我辗转难眠，让我无法看到身边伴侣的任何优点。推演过后，你可能依然无法做出最后的判断，但是你一定知道该向谁进一步靠近。

再次，想想当对方为你提供面包或爱情的时候，你能给对方什么。

如果你什么都不能给予，或者什么都不愿意给予，此时做任何选择，结果都一样，静等着婚姻失败就行了。如果你面对的是一个无论如何都无法向你付出感情，而且明显希望能从你这里获得感情的人，那么你可以放弃这个选项了，因为人的付出总有一天会枯竭（即便他说不会，事实上也一定会）。

最后，做出选择之后，请坚定你的想法，相信自己，相信对方。

摇摆不定是大忌。今天觉得面包好，明天觉得爱情更重要，只会让对方觉得你是一个不值得信赖的人，已经拥有的也会很快失去。

总之，面包和爱情孰轻孰重，你要问的是自己，而不是别人。别人没有办法告诉你该选择什么。当然，这并不意味着你不能听取别人的意见。别人的生活经验可以帮助你做出更全面的推演、判断。别人，尤其是亲近之人，出于对你的了解，可能比深陷感情旋涡的你更能客观地评判你的需求。对自己更真诚，对他人的意见更开放，有助于你做出更准确的判断。

另外，要谨记，这时的选择是相互靠近，而不是你一个人义无反顾。如果对方始终踟蹰不前，只等着你扑上去，那你要看清楚，他口头上的面包或爱情是不是只是幻影。

你会为了婚姻
放弃大好前程吗

爱情、友情、亲情之间存在本质的不同。

爱情更激烈、更炙热；友情更松弛；亲情因为血脉相连，更牢固。婚姻与爱情密切相关，与爱情相关的婚姻中，有很多"不得不"。

两个原本完全独立的个体，在步入婚姻之后，不得不共享时间，不得不共同面对财务问题，不得不共同肩负责任——即便双方的肩膀不一样宽，也不得不共进退，不得不在生活的琐碎中维系感情的浪漫……

一阵敲门声响起，正在收拾办公桌准备回家的盖伦有些讶异。他看了看手表，心里想着预约的患者都已经看完了，护士小姐也已经下班回家，会是谁呢？打开门，一位胡须花白的老人坐在诊所的椅子上。

盖伦笑着问："先生，我有什么可以帮你的吗？"

"医生，我的胡子疼，哈哈哈……"老人说着站起来和盖伦抱在一块儿。

来人并不是患者，而是盖伦的老上司，XX 医院 Y 科室的主任乔治·托马斯。乔治对盖伦来说亦师亦友，两人关系匪浅，一起工作时，时常这样互相调侃。

"我的老朋友，好久不见。"自从盖伦辞掉医院的工作，来到郊区开了这家诊所后，两人只在外地的学术会议上见过几面。"你是顺路过来吗？"

"不，我是专程来找你的。"乔治郑重其事地说。

"哦，找我？有什么事吗？"从市区过来，开车要一个小时，乔治专门过来，肯定有事。

乔治说："我做临床医生快 30 年了，你知道，我热爱这项工作。"两人对视，眼睛里都流露出无须多言的惺惺相惜之情，"可是做临床医生需要充足的精力，如今我年纪大了，渐渐觉得力不从心。上个月，A 医院请我去当院长，我已经同意了。"

"恭喜你，如果你没有安排，周末我请你喝一杯。"盖伦由衷地为乔治感到高兴，A 医院也是业界知名的大医院，行政工作有章可循，并不会太辛苦，乔治做了几十年自己喜欢的工作，临近退休荣升高职，退休金也能上一个台阶。盖伦想了想接着说："你专程来找我，不只是为了告诉我这件事吧。"这种事完全可以在电话里告知。

乔治说："我的职位空出来了。安德森院长让我给他推荐人选，我推荐了你。我记得你之前说过，希望 40 岁之前能领导一个科室。"

盖伦心中一阵狂喜，XX 医院的 Y 科是业界翘楚，自己今年 37 岁，如果能当上这个科室的主任，不知道有多少人会羡慕得睡不着觉，他激动得甚至有些说不出话来，"这……我……"

可是，他又皱起了眉。小女儿今年读小学一年级，妻子安妮刚从繁忙的家庭生活中得到喘息，去接受短期培训，准备过段时间重新开始工作。他们已经商量好，从今以后由他负责孩子的晚餐和家庭作业，让妻子去追求自己热爱的事业。如果此时自己接受乔治的提议，必定会忙碌起来。孩子们还没有到能完全放手的年纪，妻子只能改变她的计划。

乔治见盖伦迟迟没有回答，有些疑惑地问道："你在想什么？37 岁当上科室主任，这还需要考虑吗？我做科室主任的时候已经 43 岁了，那还算年轻的呢。"

跟自己的老朋友没什么可隐瞒的，盖伦如实说出了自己的顾虑。

乔治十分理解盖伦的难处，他也知道，盖伦的妻子为家庭牺牲了很多。他只是由衷地为自己的朋友不能抓住这难得的机会感到惋惜，"当初你要离开，来这个地方开诊所，我就不该放你走。你再好好想一想，如果你不答应，我下周一再提其他人选。"

盖伦和乔治一起离开诊所。盖伦回到家中开始给两个孩子准备晚饭。

晚饭时间，妻子回到家，很是兴奋："天哪，我真是太高兴了！亲爱的，你今天过得怎么样？"没等盖伦回答，安妮继续兴奋地说道，"我们的讲师竟然是S公司的合伙人，他今天单独约我会面，问了我之前的工作经历，说等我培训结束，可以直接去他那儿工作。S公司虽然不及我之前的老东家，但是也算行业里的后起之秀。你知道吗，我一开始还有点担心。我已经不年轻了，不知道以我这个年纪要多久才能找到工作。"

盖伦亲吻了妻子，"恭喜你，我一直都知道，你是最棒的。"然后摆好餐具，叫孩子们吃饭。

一家人其乐融融，盖伦没有提起乔治来找过他的事。

自己曾经的理想主动来敲门，盖伦却不得不放弃。其实，如果他告诉安妮，安妮权衡利弊之后，很可能会心甘情愿地继续留在家里做家庭主妇。从大局考虑，盖伦当上科室主任，收入能提升不少，安妮脱离职场那么多年，重新回归，收入肯定不能和丈夫比，而且丈夫 37 岁当上知名医院知名科室的主任，未来肯定会有更好的发展。安妮的工作还有很多不确定性，如果选择继续做家庭主妇，对孩子来说也更好，这么多年来，一直都是安妮照顾孩子们的起居，孩子们到现在还不能适应爸爸做的饭。

可盖伦想的是，当初安妮为了家庭，放弃了正处于上升期的事业，她已经放弃过一次了，这次该轮到自己了。如果他非要抓住这次机会，妻子照样出去工作，孩子们会缺乏父母的照顾。妻子不去工作，以后想重新回到职场就更难了。而且，他退一步照顾家庭，让妻子重新融入社会，是他们之前就规划好的，一切都是按照原来的轨道前进。如果他为了自己的前途打破两人商定好的计划，无论怎么说都是一种自私的行为。婚姻中是容不下自私的。

确实，人首先是独立的个体，每个人都有自己独立的思想、独特的生活习惯、独立的追求，但进入婚姻关系之后，两人要"合二为一"，各方面的"独立"都要做出退让。婚姻中的两个人，要顺利地在生活道路上不断向前，就算不能像齿轮一样相互契合，至少也要像鹅卵石一样磨掉棱角，才能不伤害对方。

为什么容易选择"错误"的人

除了普遍存在的问题外，每一段婚姻都有各自的问题。婚姻的道路上有数不清的陷阱，这些陷阱会消耗你的爱情，在你与伴侣之间滋生怨恨。

如果在一开始选择伴侣时，做出了"错误的选择"，婚姻就很难"结出好的果实"。那么，人们在选择终身伴侣时，为什么常常会选择不合适的对象？这到底出了什么问题？是我们对自己的需求缺乏认识，还是对选择的对象缺乏认识？或是因为恋爱使我们变得盲目吗？这些因素都是存在的。但是我们一定要记住：总的来说，自愿选择的婚姻绝不会是一个彻头彻尾的错误。伴侣的一些品质必定符合我们心中的某些期望，但是如果除此之外，双方再无共同之处，那么天长地久，两人渐行渐远几乎是难以避免的事。

因此，我们可以这样总结：之所以会觉得当初的选择是错误的，是因为我们的选择只满足了一个孤立条件。我们在做出选择的时候，被当时的某种冲动或者某个单一的愿望蒙蔽了双眼。比如，面对一个有众多追求者的姑娘，男人总是想把她据为己有，但是当他们真的在一起之后，那个姑娘身上的魅力也会随着情敌的退散渐渐消失，除非出现新的情敌，姑娘身上的吸引力才会被重新点燃。经济或社会地位，乃至精神上的认同感，都可能成为一种吸引力，有些人甚至会被更幼稚的因素深深吸引。

一个才华横溢、事业有成的年轻人，他的妻子是一个在智力和性格上都与他相去甚远的人。妻子的年纪比他大，体态丰满，"妈妈气"很浓，在与这位青年才俊结婚的时候她确实已经是两个孩子的妈妈了。他之所以选择一个与自己如此"不般配"的妻子，是因为他4岁丧母，特别渴望拥有一个"母亲"。

我们再来看看他的妻子。她在17岁的时候嫁给了一个大她30岁的男人，这个男人在生理和心理上都与她的父亲很像。她幼时与父亲感情深厚，童年十分幸福，长大成人之后，她想延续童年的幸福，便找了一个与父亲相似的人做丈夫。结果她却发现，丈夫虽然和父亲有很多一样的特质，但是自己与丈夫之间没有深厚的感情。在这段婚姻中，她没有感受到深厚的爱，只感受到了孤单。

这类的例子非常多。如果你的伴侣只满足你的一个（或部分）条件或期许，一起生活之后你就会发现，自己心中竟然有那么多需要被填补的空缺，有那么多无法完成的期许。最初的要求得到满足之后，随之而来的却是不断的失望。

失望并不等于厌恶，但失望会不断累积，最终成为厌恶的源泉。我们不排除有些人的感情即便建立在这样的基础之上，照样能获得幸福，但是这样的人少之又少。大多数人不论多么有涵养，无论自控能力多强，都会感觉到难以抑制的愤怒在不断增长，这种愤怒指向的，正是当初努力追寻的那个人，这是符合人性的。

我们不知道这种愤怒是在何时滋生的，而且它还会在不知不觉间变得活跃起来。在毫无察觉的时候，伴侣会发现你对他的态度变得和以前不一样了，变得更挑剔、更急躁，不再像以前那样在乎他的感受。

你对爱人的要求日益苛刻，进而引发冲突，但是这时候的冲突往往不会那么激烈。相较之下，自相矛盾的愿望造成的冲突会更危险。

我想起了一个典型案例。一个性格温和、依赖别人且有些女性化的男人，与一个比他有活力、有才干、母亲型的女人结了婚。两人性格互补，貌似十分匹配。但是这个男人和很多男人一样，愿望是矛盾的。他同时又被一个懒散、轻佻、苛求他人的女人所吸引，这种女人的特征是他妻子不具备的。正是他自身的双重愿望，毁了他的婚姻。

在其他相关案例中，有些人虽然和原生家庭关系密切，但选择伴侣时，对方的种族、外貌、兴趣和社会地位却与自己的截然不同。这些人同样会逐渐对当初吸引他的截然不同的特质感到厌倦，不久之后又开始追寻与自己背景相似的异性。

还有一些女性，她们有理想有抱负，总是希望出人头地，但是她们并没有通过自己的努力去实现理想和抱负，而是希望丈夫为自己实现这些愿望。她希望丈夫学识渊博，处处都比别人强，有身份地位，受人尊敬。有些妻子会因为丈夫实现了自己的愿望，心满意足。但是有些妻子反而不能容忍自己的愿望被丈夫实现，她会觉得自己活在丈夫的阴影之下。后一种情况并非特例，反而十分普遍。

有的女性会选择更女性化、外表纤弱、性格软弱的人做自己的伴侣，如此一来，自身的"男子气"就很容易得到释放，她选择伴侣的时候往往并没有意识到这一点。与此同时，她又对强壮、粗犷的男性怀有渴望，于是她就会责怪自己的丈夫，鄙视他的软弱。

她会通过各种方式贬低丈夫的某种特质，责怪他无能，抱怨他不具备身为丈夫"最基本"的素质。没有满足的愿望，成了一个迷人的目标，成了"真正"的渴望。另一方面，如果他满足了她的愿望，也会受到责备，似乎是他的缘故，所以她才失去了自己努力实现愿望的机会。

婚姻中，
爱情格外需要呵护

有人说，如果爱情没有经受住婚姻的考验，就会被婚姻埋葬；如果爱情经受住了婚姻的考验，就证明你们确实拥有情比金坚的真爱。

你看，他们把婚姻当成了残酷的试炼场，要把爱情扔进去接受考验！

我听过这样一段话："爱情多么美好啊，就像天赐的花朵，娇滴滴的，那么脆弱。所以千万别考验爱情，你得把它捧在手心里，呵护它。"

是的，爱情是脆弱的，婚姻中的爱情格外需要呵护。因为婚姻中有太多现实的东西，你若总是让它们去与爱情碰撞，那现实就会向你展现它的力量——爱情在它面前不堪一击。

难道我们要一直躲在爱情中，逃避现实吗？认真思考一下，你会发现，这样的想法已经让爱情与现实碰撞了。所以，躲在爱情中逃避现实，现实必定会将爱情击败。

那我们应该怎么做呢？你和你的伴侣应该勇敢地站在爱情与现实之间，构筑爱情的堡垒。让爱情成为你的补给，给你抵御现实的勇气和力量。

需要面对现实的是你和你的伴侣，不是你们的爱情。让现实伤害到你的爱情，只表明你太弱了，或者你无心守护自己的爱情。

至此，我们对婚姻与爱情已经有了大致的了解。可是这种程度的了解并没有触及根本。无论是婚姻关系还是爱情关系，最基本的构成是关系中的两个人。只有从精神分析和心理学的角度，对婚姻关系中的两个"人"进行更深入的挖掘，我们才能真正豁然开朗，找寻到通往幸福婚姻的那条隐秘道路。

婚姻中那些"美丽的谎言"

随着社会的发展，关于婚姻的鸡汤文学越来越多，它们告诉人们应该这样，不应该那样，列举种种需要防备的禁忌和雷区。有人说，看完这些感觉不用结婚了，反正总有一项或多项是中招的。这些"美丽的谎言"是造成当下年轻人恐婚或让已婚人士觉得沮丧的原因之一。

现在，我们一起来看看婚姻中那些"美丽的谎言"。

谎言1：婚姻需要经营才能长久

这可能是本世纪最大的谎言之一了。多年前我也对此深信不疑，认为夫妻在一起过日子就是搭伙创业，像合伙人那样，需要经营，而且其重点在于经营另一半。但是后来我渐渐明白了一个道理：需要经营才能幸福的婚姻，不算真正健康的婚姻；需要经营才能稳定的伴侣关系，不算真正健康的伴侣关系。

一个正向的婚姻模式，应该是"妻子 + 丈夫" vs 人生（工作、生活等），而不是妻子 vs 丈夫，或丈夫 vs 妻子。

因为"经营"这个词，注定是和功利、公式、套路、目的性捆绑在一起的，如果我们将婚姻过成这样，那实在不是一件美好的事。

事实上，长久且高质量的婚姻从来都不是凭借经营获得的；相反，过分注重经营的婚姻，触礁的风险会更大。

因为搭伙式的经营，必然会因为利益而产生各种风险，反不如平平淡淡，才能生活得更加纯粹。

谎言 2：性格或情绪有问题的人不能结婚

如果这条也算准则的话，那全球一大半的人根本不用结婚了，首先这本身就是一个伪命题，什么叫性格或情绪有问题呢？判断标准又是什么呢？

性格或情绪有问题不是疾病，不能由医生下诊断书，而是他人对自己，或自己对自己的看法和评价，任何人都没有权利给别人下一个明确的诊断结果。

其实，个人的性格和情绪对婚姻没有任何影响，能影响婚姻的只有你们俩的相处方式。如果你们都能管理好自己的情绪，用爱意、真心、尊重去包容对方的不足，那你们的婚姻就完全不会存在问题。

汉娜自幼父母离异，跟着母亲生活。母亲离婚后，变得脾气暴躁且容易情绪激动，动不动就歇斯底里地吼叫。这让汉娜也养成了偏激的性格，常常会为了一点小事发脾气，甚至做出出格的行为。汉娜当然也知道这个问题，但是她根本控制不了自己。

步入婚姻之前，这是她最大的心病和隐痛，为此她一直不敢接受男友贝塔斯的求婚。

后来，她向贝塔斯开诚布公，贝塔斯表示其实他早已觉察到了这点，并且了解了原因。但是他不在乎，并愿意帮她解决这个问题。

贝塔斯说到做到，每当汉娜控制不了自己的情绪时，他总是格外地温柔和耐心，教她深呼吸慢慢平复自己的情绪，并在日常生活中给她足够的安全感，不让她情绪失控。

良好的习惯也是会延续的，不到两年时间，汉娜在爱的感染下，终于能够管理自己的情绪。

　　其实人人都可能存在性格或情绪的问题，但重点在于对方能不能接受，以及你是否愿意为对方改变自己。

谎言3：性格互补的人最适合结婚

　　从小妈妈就教我们，将来要找一个和我们性格相反的人结婚，互补一下。其实这个命题很有趣，人类的性格本身就具有多元化、多面性的特点，我们如何去找一个性格相反的人呢？

　　如果非要在我们的性格中，提炼出一种最能代表自己的性格属性，那么应该就是内向和外向吧。这两种人结婚就一定最合适吗？不，有的时候，也可能是种灾难。

　　夫妻中一个是安静离群、不善与人交流的内向者，每天只喜欢学习、工作，享受安静的时光；一个是活泼热情、善于交际的外向者，喜欢流连夜店，呼朋唤友。这是两种性格完全相反的人，但如果协调不好，就非常容易引发"战争"，特别是各自的领地划分得不太清楚的时候。比如，妻子非要丈夫陪她去夜店狂欢；丈夫不允许妻子将朋友带到家中聚会……

　　经研究，性格相反的人比性格相似的人更难协调婚姻关系，因为冲突太过鲜明，容易引发对立的事情太多，对包容心的要求更高。而性格相似的人极少出现这种冲突和对立的情况，因为他们太相同了，对事情的看法和行为大多也一致。

当然，也并不是说所有性格相似的人在一起就会合拍。

其实，在一起是否合拍还是看我们是否愿意带着尊重、理解和爱意去处理好婚姻中的冲突。如果冲突不大，只要双方愿意妥协就没有任何问题；如果不能理解对方，能够做到相互尊重就行；实在不行，那就交给爱去解决吧。

谎言 4：冷处理是解决矛盾的最好办法

冷处理是很多人处理家庭和工作问题的撒手锏，但在我看来，这是下下策，和"冷暴力"其实没有什么区别。

露翠丝的生活是好友们都羡慕的，她性格跳脱，大大咧咧；她丈夫艾伯却性格稳重，而且是一家上市公司的高管，出身名校，温文尔雅。

但这些都只是表面情况，露翠丝也有自己的苦恼。因为艾伯有个不好的习惯，每次发生矛盾，也就是露翠丝最愤怒、最激动、最脆弱、最需要艾伯时，艾伯的处理方式永远只有一种：回避和冷处理。露翠丝一开始吵，他就立刻跑了，电话也关机。等几天再回来，根本不提前几天发生过的事，对露翠丝的抱怨不进行沟通，从来都不解决两人的矛盾，当然，也没有道歉和安慰。他伪装从来没有争吵过，依旧平静。

露翠丝说，她厌倦了这种生活，每当这个时候，她都会觉得特别绝望。相比之下，她宁愿丈夫和她大吵一架，甚至动手都行，只要不玩消失或装作没发生。

很多人认为外遇是婚姻的头号杀手，但是经过研究发现，其实"冷漠"才是。相关数据表明，60% 以上的婚姻失败是伴侣过于冷漠或对另一半实施冷暴力造成的。这种所谓的"冷处理"会消耗彼此的爱意与耐心。

因此，回避冲突或冷处理其实并不是解决矛盾的好办法，而是比较差劲的办法，也是最具毁灭性的办法。

谎言 5：男人和女人是完全不一样的

很多人煞有介事地从科学角度分析，男人和女人的生理构造不同，导致心理不同。

人类的构造是相通的，虽然存在不同，但几乎可以忽略不计，就像女人与女人或男人与男人彼此之间也会有些许不同一样，这是必然的，不是造成婚姻失败的根本问题。

人们对爱情与婚姻的追求、对伴侣的渴望、对幸福生活的向往是相似的。不同的只是原生家庭的不同和受教育的不同，成长环境导致我们的性格情绪、生活习性以及处理问题的方式等不同，不仅是男人和女人之间不同，其实每个人之间都是不同的，这是必然。

虽然男人和女人都来自同一个星球，但是我们每个人都是独立的个体，加上环境影响，当然会不同。

这些误区会让我们觉得沮丧，好像婚姻是一件特别复杂的事儿，而大多数人好像都做不好且无能为力。就像复杂的人生一样，我们希望可以了解婚姻及人性的本质，了解那些必然的事情和不可改变的事情。想通了，看透了，接受这些就是现实，冷静面对并处理，不需要恐惧和绝望。

当然，我们需要不断地去学习，学习如何调整、修正、引导、丰富我们的婚姻，以及学会如何处理随时可能发生的各类问题。

当明白了这些问题不可避免，而我们又具备解决问题的勇气和能力的时候，一切问题都将不再是问题。

男女心理大不同

Marriage Psychology

人们总是觉得，

婚姻中的不幸，全部源于自己的伴侣。

对方是一个特定的人，这时候人们很容易会想到，

如果换一个人，这些不幸就不会发生。

实际情况是：决定性的因素很可能是我们内心对异性的态度，

无论对方是谁，

这种态度都可能以类似的方式表现出来。

男人面对女人的复杂心理

　　人们总是觉得，婚姻中的不幸全部源于自己的伴侣。对方是一个特定的人，这时候人们很容易会想到，如果换一个人这些不幸就不会发生。实际上，决定性的因素很可能是我们内心对异性的态度，无论对方是谁，这种态度都可能以类似的方式表现出来。换句话说，婚姻中的问题大部分是我们自身发展的结果。我们会发现，很多时候男女之间的不信任并非源于两人相处之后的不愉快经历，而是源于自己的儿童时代。

　　需要特别强调的是，爱与激情并非到青春期才会出现。弗洛伊德的观点是，幼儿的感觉、渴望和要求也是充满激情的。成年人总是错误地以为，年幼的孩子都是被爱环绕的。实际上，儿童常常会有挫折感、失望、无助和嫉妒等负面情绪，他们经历的欺骗、惩罚和恐吓并不比成人少。

　　这些早期的经历会一直跟随他，在他长大成人之后，对他与异性的关系造成影响。儿童时期的经历各不相同，但是这些经历在他们成人之后对两性关系的影响，存在一个可识别的模式。

　　在男性身上，我们通常能看到他们幼时与母亲关系的影子。

　　首先，面对让他们害怕的女性，他们会退缩。因为婴儿在接受母亲的照顾时，不仅体验到了温柔，也有过很多有关禁止的经历。个体完全摆脱早期经历是非常困难的，几乎在每个人身上都能找到他早期经历的痕迹，这种状态会很自然地在他与妻子的关系中重演（妻子在很多方面扮演的正是母亲的角色）。

　　其次，同样是因为母亲，女性会成为神圣的化身，处女情结就是这种心理的表现之一。这种心理会有很多正面的效果，但是也有相当危险的一面。在极端的案例中，有人认为值得尊敬的女性应该是缺乏性欲的，对她怀有性的渴望是对她的侮辱。由此，即使非常爱她，也不会和她完全地身心结合，他只能在一个"低级"的女性——性工作者——那里去满足自己的性欲望。在很多案例中，丈夫爱慕、欣赏自己的妻子，但是两人的夫妻关系并不和谐。有的妻子甚至接受这种状态，但是接受并不等于满意，这样的夫妻关系一定会滋生不满。

最后，男性害怕不能满足女性。根据本体论的观点，这种恐惧同样源于童年时代。当一个男孩孩子气的求婚遭到嘲笑和拒绝的时候，他的自尊心会受到伤害，这种不安全感在很大程度上保留了下来。成年之后，在与女性的关系中，就会时常表露出来。在婚姻中，男人会对妻子引起的挫折更敏感，应激状态也更持久。如果妻子不能视他为唯一，如果他不能满足她的欲望，对于欠缺安全感的男性来说，就会觉得这是巨大的侮辱。如此一来，他会本能地想要伤害妻子的自尊。

这种感觉常常是无意识的，由此引发的反应没有固定模式，可能会导致婚姻关系暗流涌动，也可能会引发公开的憎恨。

如果丈夫与妻子关系紧张，甚至时常发生冲突，那么他可能会在其他地方宣泄紧张的情绪，例如在工作中、同性间，或者找其他女性陪伴自己。他之所以会找其他女性，是因为他不害怕无法满足她们，他们的关系中没有法律和道德的义务。正因为如此，与非婚姻关系的女性相处时，男人更容易获得放松、愉悦和满足的感觉。

男人的"洞穴情结"

说起"男人喜欢加班"这个话题，很多人都会会心一笑，因为此"加班"并不是真正的加班，而是指借口加班延迟回家、缺席家庭生活，仿佛钻进了独属于自己的秘密洞穴里，猫藏、休憩。这种行为一旦被戳穿，伴侣之间必定会面临信任危机，并且引发连锁效应。

一个普通的傍晚，全职家庭主妇凯丽正在愉快地为家人准备晚餐，丈夫尼尔森给她打来电话说，要晚几个小时回家，因为公司又要加班。

最近一年来，尼尔森所在的公司似乎忙碌了起来，他常常会加班，有的时候回到家中已经是深夜了。这样的话，不仅她的负担重了起来，三个孩子也抱怨很少见到爸爸。大女儿甚至给爸爸取了个外号叫"月亮爸爸"，因为他深夜回来的时候，孩子们已经入睡了；早上他出门上班时，孩子们还没起床。就连周末，尼尔森也会去公司加班到很晚，极少能抽出时间陪伴家人。

凯丽做全职妈妈之前，也是职场中人，自然能理解加班这种情况，便愉快地答应了，并叮嘱丈夫记得吃晚餐，然后尽可能早点回家，陪陪孩子。

挂掉电话，约过了 40 分钟，凯丽去地下车库取东西，意外发现声称在公司加班的丈夫尼尔森已经回来了，却没有上楼，而是独自坐在车里听音乐。

车窗半开着，音乐传来，她还能看见尼尔森摇头晃脑十分惬意的神情。尼尔森没有发现她，她就这样呆呆地看着丈夫十来分钟，他一直淡定地坐在车里，仿佛还准备坐几个小时再回家。

凯丽从未遇到过被丈夫欺骗的情况，眼泪顿时涌出，但是她并没有声张，而是擦干眼泪回到家中，装作什么也没有发生过一样。她给丈夫公司的值班人员打了个电话，经过询问才知道，公司最近一年从未让员工加过班，今天自然也没有。她的丈夫尼尔森每天都准时离开公司大楼，说是回家陪孩子去了。今天自然也是一样的。

大约晚上十点多，尼尔森才佯装疲惫地回到家中，一一亲吻她和熟睡的孩子，态度和往常一样温柔亲和。但是凯丽的心中，那道爱的长堤已经出现缺口，濒临溃塌。这是一种被信任的、亲密的家人欺骗和背叛的感觉，愤怒且无力。

凯丽忍不住质问对方为什么要欺骗自己。

尼尔森先是很惊讶，随后任凯丽如何发怒，他都抿着嘴一言不发。凯丽被这种冷漠、逃避且无所谓的态度激怒了，追问他是不是对自己不满或有了外遇，所以想利用"加班"的方式惩罚和逃避自己？

本来只是这两年压力太大，想独处放松的尼尔森，听到妻子的埋怨、质问和胡乱猜疑，瞬间也偏离了重心，没有解决当下的问题，反而扯出了新的矛盾点："你跟踪我？你冤枉我对你不忠？你不信任我？"

于是，一场家庭战争掀起，重心越来越偏，最后他们关系恶化后，几乎忘记当初是因为什么争吵起来的。

随着社会节奏的加快，工作生活压力的加重，越来越多的男人借口加班在办公室逗留、在车里待着。哪怕什么都不做，只是发呆或是听音乐，也要待在那里迟迟不肯回家。

这并不代表他们不忠诚或逃避家庭责任，他们只是需要独处空间而已。

在妻子全职照顾家庭的婚姻中，中年男人负担着整个家庭的重担；这个年龄的男人在职场也到了最关键、最困难的瓶颈期；生活压力过大、急需处理的琐事过多、想得到的东西（梦想）却迟迟得不到……这一切的一切，都让他们焦虑、彷徨且无奈，这种糟糕的失败感常常会精准地靶向击中他们。

这个时候，他们就需要缓解和治疗：找一个安静的空间，只有他自己一人，用来放空、冷静思考、斟酌权衡，或自己独自消化掉负面情绪。

也就是说，男人的情绪进入意识层面的时候，会选择封闭自己，这是一种来自男性本能的防御机制。然而，男人又天生勇敢且喜欢征服，当情绪缓解过来或事情解决掉后，他们又会主动走出来，恢复正常，这中间就需要一个过程。就像一个人在面临压力的时候，会选择暂时撤退或躲避，但是最后一定会再次站起来接着战斗。

传说中，再强大的勇士也会受伤，这时他们会找一个封闭且幽暗的洞穴，把自己藏起来疗伤。如果有人想硬闯进来，那只会被勇士的熊熊怒火烧死，这是来自心理的防御机制。

现实生活中，这个被称为"勇士洞穴"的独处空间是可遇不可求的，特别是有小孩的家庭，想安静一会儿都很难。考虑到亲人可能会担心、过分解读、质疑，加上男人天生沉默寡言，不愿意表露情绪和认输，他们通常会选择最简单粗暴的办法：借口在公司加班，给自己创造一些独处时间和安静的空间。

这种带有欺骗性质的借口当然是不对的，对伴侣来说是难以忍受的背叛，但是对于男人来说也许只是一个小小的、善意的谎言。这种认知上的落差往往会把事情引向糟糕的开端：伴侣如果不理解，就会感觉遭受到了欺骗和制裁，极其愤怒之下，就简单粗暴地揭露对方的行径，挤压对方的私人空间，矛盾就这样产生了。

当发现丈夫有这种行为时，虽然感觉被冒犯，妻子不妨也学着采取迂回的方式：先询问对方是否觉得压力过大，是否只是想要一点个人独处的时间，还是有其他原因。

如果丈夫承认只是需要一点独处的时间，妻子不妨成全他的这种心理需求，同时明确向他提出：如果有需求，可以直接说出来，自己会尊重他的想法，但不能采取欺骗的方式。千万不可步步紧逼，挤压和掠夺对方的私人空间，无端的猜忌更不可取。

同时，丈夫需要独处空间时，不妨坦然地对妻子说出自己的诉求。比如，直接说："我想自己单独待一会儿，可以吗？"而不是采取欺骗的方式，引发不必要的误解。

不仅是丈夫，妻子同样也会有"勇士洞穴"的需求，希望可以在烦琐的工作和家庭生活中喘口气，独处一会儿，她们也希望得到另一半的理解与支持。

希望面对这种情况时，双方可以坦然沟通，理智地提出诉求和质疑，不要将对方逼上"加班"的道路。

读懂男人的情绪密码

不知道大家有没有发现，男人极少在别人面前表达自己的情绪，如"我今天遇见了一件有趣的事，心情很好。""今天在公司被不公正对待，很愤怒。"很多女性想引导丈夫表达自己的情绪，但是又不知道从何做起，今天我们来听听苏珊的看法，她的丈夫塞利也不擅长表达自己的情绪，但是苏珊觉得可以掌握其中的套路。

我和丈夫是在大学认识的，学的是同一个专业，毕业后成了同行，且我们两家公司联系紧密，这代表我们有很多共同话题，常常能聊得相当投机。多年来，我们保持着一个非常好的习惯，每天至少抽出一点时间来聊天，说说整个行业、彼此的公司、同事，以及共同的同学、朋友，还有我们的家人……

这看起来很美好是吧？但是曾经有一个阶段我特别沮丧，简直是阴云密布。这是因为有一天，我突然发现我的丈夫从来没有在我面前表达过他的情绪，哪怕是发脾气也行，但是没有。

难道我不是那个能够让他完全放松、畅所欲言的人？

难道他不愿意向我分享他的心情？那他会和谁分享呢？

有些时候，我们的沟通会陷入一种奇怪的模式。

我问他："你今天在公司过得怎么样？"

他会回答："现在的经济形势真的太差了，年轻人个性也特别张扬。"

如果他出去聚会，我会问一下他今天玩得是否开心。

他会告诉我，他在回来的路上买了一只烤鸡。

还有比这种对话更让人沮丧的事情吗？这让我自我怀疑，并怀疑他。但是在请教过几个朋友后我明白了，不只他对我这样，很多男人都这样。

在和他相处中，我渐渐发现了一些他隐藏在平淡话语中的套路：

原来他说现在经济形势差，是指他所在的公司这两年福利减少了很多，而且新来的年轻同事特别张扬，不仅抢了他的订单，还常常对他非常不礼貌。

他说自己在路上买了只烤鸡，是因为今天的聚会非常顺利，他心情很棒，想买只烤鸡和家人们一起共进晚餐。

就这样，我发现了一件有趣且特别有成就感的事：男人大多不擅长表达情绪，只喜欢阐述事实，而且特别喜欢引用经济、政治和社会话题来表达自己当时的心情。如果不明白这中间的套路，就完全听不懂他到底在讲什么，还以为他是故意回避，答非所问。

其实，男性的思维方式和人们对男性的固化要求，让他们自小养成了这样的习惯，列举事实代替内心情绪的表达，对自己的心理活动避而不谈，转而从外界寻找答案。

近些年，心理学家们也提出过一个概念，男性无法或羞于（不习惯）表达自己内心的看法，转而借助社会话题来展示自己的真实想法。当然，这也是男人在女人面前高谈阔论、展现才华的一种方式。选择政治和经济话题，大多是因为男性对这种话题更感兴趣，并认为这种话题比较有高度。

当你的另一半跟你高谈政治、经济，却从来不向你表达自己的内心感受时，你不妨先称赞他博学多才，再找个机会不着痕迹地转移话题就好了。

如果转移不了话题，那可以认真倾听他的话，因为他能表达出这些，也是与你沟通的一种方式。

女性对爱情的执念

长久以来，女性一直在为争取独立、扩展活动领域而努力。对于女性的这种努力，怀疑论认为只有在经济困难时才需要女性做出这些努力，而且这些与她们的遗传素质和自然倾向背道而驰。相应地，所有这类努力都被认为对于女性来说毫无意义。在他们看来，女性的每一个念头都集中在男人身上或母性方面。

很明显，这种观念描绘的是父系家长制思想中的理想女性——一个女人只想爱一个男人，并且只渴望得到那个男人的爱，她敬慕他、服侍他，愿意按照他的意愿、喜好去改变自己。

这确实是某类女性的外在表现，有人却错误地从行为表象做出推断，认为这是所有女性天生的、本能的特质。然而，事实并非如此。这样的推断是站不住脚的，因为生理的因素不会以纯粹的、不加伪装的形式表现出来，而是会随着传统与环境的改变而发生改变。

正如罗伯特·布里福特[1]在《母亲》一书中指出的那样，不应该高估"继承传统"对理想与信念、情绪态度，以及所谓的本能的影响。对于女性而言，继承传统意味着将她所参与（起初可能相当多）的一般活动任务，压缩到更为狭窄的领域：性爱与母性。

从心理学的角度来看，由于长达几个世纪以来，上述心理结构使女性形成了一个避风港，她们在培养其他能力、面对批评与竞争时，以及坚持自己的主张方面，不必花费太多努力，也不必过于焦虑。因此，当今女性希望独立发展，要与外界抗争，还要与内在的传统思想做斗争。

当然，我们不能因此断言每一位追求自己的事业，同时不抛弃女性身份的女性，都面临这样的矛盾。即便如此，我们也不能忽略一个事实，对于某些女性而言，她们与男性的关系极其重要。但是，她们无法在一段持续的时间里，与异性建立起令人满意的关系。要么没能成功地建立起关系，要么只能短暂

---

1 罗伯特·布里福特（Robert Briffault，1874—1948），法国人类学家、小说家。他在《母亲》中提到，自然只赋予了雌性生育的器官和技能，这种生物学上的天赋架起了通往人性的桥梁，因此关心和有责任喂养、照顾并保护年幼者的是女性。

维持。还有些人成功建立起了一段相对持久、稳定的关系，却因为女性自身的某些态度或行为，最终仍以失败收场。

值得注意的是，在所有这些案例中，女性都表现出了对工作或成就的压抑。在某种程度上，这些问题是能够被意识到，可以立即显现出来的，但是也有部分受此困扰的患者没能意识到这些问题，经过心理分析之后，才恍然大悟。

下面是一位心理分析师分享给我的一个案例。

一位名叫伊莉莎的患者走进诊室，她坐定之后说的第一句话是："我的丈夫是不是已经不爱我了？"

这位女士举止得体，从她戴的帽子、手里的提包都能看出，她是个对自己从不松懈的人。

分析师想进一步获得信息，于是问她："为什么这么说？"

"我感觉他对我似乎有些不耐烦。我想和他交流，像一开始时那样。可能是因为我的工作，我们太缺乏相处的时间了。"这是她的自我诊断，"也许我真的不该继续工作，我已经不能从工作中得到快乐了。"

分析师问："可以和我说说你的工作吗？"

伊莉莎第一次直视分析师，疑惑地表示："我找你是想挽救我的婚姻，我甚至打算放弃我的工作。我想我们还是把关注点放在我和我丈夫身上吧。"

分析师越来越觉得，从患者的工作切入是正确的："哦？你的工作是需要保密的吗？"

伊丽莎表示："那倒不是，我只是觉得没有必要谈。可能就是因为我总和他谈工作，他才不愿意和我交流。"说完这句话，她的坐姿反而放松了下来。

"我在一家杂志社工作，是女性杂志，我曾经很爱我的工作。我和我的丈夫还不认识的时候，我只用了两年的时间就升到了部门的负责人。我们刚认识的时候，正是我工作最忙的时候。但我们还是能抽出时间见面，我总是滔滔不绝地讲我的工作，我今天见了谁，做了什么。他根本不懂，可依旧听得津津有味，可是现在不一样了……"伊丽莎面露悲伤，紧接着稍显激动地扶着沙发的把手，后背离开了沙发的靠背："其实我有机会获得更好的发展，可是我为他放弃了，这他是知道的。我的老板想把时尚部分独立出去，做一本新的杂志，那部分本来是我负责的，他让我去当那本新时尚杂志的主编。但那时候我们正准备结婚，如果我接下这个工作，我就要经常出差，甚至可能需要常驻另一个城市。我爱我的丈夫，我不会为任何工作上的机会放弃我们的感情。我一点也不后悔。"

看她的神情，这话是真的。她并未对放弃这样一个巨大的机会感到后悔。

她继续说道："其实我们考虑过，结婚之后我是不是应该像其他女人那样放弃工作。可是我的丈夫说，他希望我快乐，不希望我为家庭做出牺牲。"

分析师问她："你们的婚姻现在有什么问题呢？他打算让你放弃工作了吗？"

"那倒没有。可是，我和他说工作上不开心的事时，他经常不耐烦，说我不喜欢可以放弃，我应该自己选择，自己判断，不要总和他说这些。我们简直没有话题可以聊了……我怕过那样的日子。我可以毫不犹豫地放弃工作。也许我不必找你，我应该直接辞职……"

分析师问："你的工作不如以前顺利了，是吗？"

伊丽莎已经不太愿意继续聊工作了，仿佛做了决定："是的。这也很正常，结了婚的女人怎么能把全部精力放到工作上。"

"听听我的分析好吗？"因为伊丽莎已经表现出了对分析师的不信任，分析师不得不这样开头。在伊丽莎看来，分析师根本是在拖时间，始终不讨论自己关心的问题。

"我觉得根本的问题，并不是你的工作占用了家庭时间。反而是你太关注你丈夫了，他成了你的全部。不是他对你谈论你的工作表现出了不耐烦，而是你对你的工作不耐烦。反应到你们的对话上，你对工作只有抱怨，他无法从你的话语中感受到你的快乐。"伊丽莎毕竟是个能力出众的职场女性，听分析师这样说，回想起了与丈夫的对话。

结婚前，她和丈夫说的大部分是她又取得了哪些成绩，即便遇到困难，也是她和团队怎样去解决。她从丈夫那里得到的回应都是赞美和鼓励，对话当然是愉快的；婚后她和丈夫聊的都是自己没有办法做这，没有办法做那。丈夫还能说什么呢，只能对她说，如果工作不开心就不要工作了。于是她对分析师的话提起了兴趣："那我该怎么做呢，我的工作确实让我不愉快。也许我该辞掉工作，插插花，或者做点让自己愉快的事？"

分析师问："你喜欢插花吗？"

伊丽莎摇摇头："我不知道，也许吧。"

分析师接着问："那你有什么兴趣、爱好吗？"

伊丽莎想了一会儿说："我一时想不到，也许我该培养一些。"

"那我来说说我的建议吧。我建议你暂时不要放弃工作，反而要更加投入到工作中去。你过去的经验告诉我，你是个工作能力非常强的人，你可以在工作中体现自己的价值。如果贸然放弃工作，多出来的时间你想做什么？目前看来你还没想好。我推测你会更加关注你的丈夫。这很可能不能解决你现在的困扰，反而会加剧它。试着把目光从丈夫身上移开，你已经拥有他了。如果你相信他对你的爱，你应该知道，他爱的并不是一个主妇式妻子，他爱的是一个快乐的、向上的你。"

最后一次看诊的时候，伊丽莎已经像换了一个人一样，她自信、向上，脚步匆匆。

"我想我和我丈夫的问题已经解决了。我还是决定辞职，但是已经报名了成衣设计的课程。我热爱我的生活，谢谢你，医生！"

她要不要工作始终不是一个问题。关键是她重新找回了自己，不再让自己只围着丈夫转，彼此间的关系反而更和谐了。

在这类案例中，核心问题不是没能充分释放心中的爱，而是对男性过度关注。这些女性心中往往有一个执念："我必须有一个男人！"这个想法逐渐发展成一个有巨大吸力的旋涡，吞噬其他思想，让她变得越发执着，生活的其他内容变得无聊，毫无用处。有些人明明很有才华，或者曾经兴趣广泛，在执念的控制之下，最后一切都变得没有意义了。

换句话说，目前令她困扰的与伴侣的冲突，在很大程度上是可以减轻的。根本的问题不是她不够重视爱情，不够重视对方，而是过于重视。

女性的竞争心理与相应对策

女性与同性的竞争心理

情感关系中的压抑和受挫，在很大程度上与恶性竞争引发的焦虑有关。那么，竞争意识是怎样发展出来并迅猛增长，以至于产生巨大破坏性的呢？

研究过往案例我们会发现，有一个因素显得非常突出：两性关系中，同性竞争意识过强的女性都曾经在争夺一个男人（父亲或兄弟）的竞争过程中居于第二名。比较常见（13 例中一般有 7 例）的是，姐姐通过种种手段获得爸爸或者哥哥、弟弟的宠爱。在一个案例中，一个年长得多的姐姐完全不需任何手段就能获得父亲的宠爱，阻碍妹妹得到父亲的关注。

　　心理分析的过程揭示了当事人对姐姐的愤怒。她表现出的愤怒是如此强烈，以至于在很长一段时间内都在通过完全否认女性"花言巧语"的意义，进行自我防卫，因此她压抑自己，不穿吸引人的衣服、不跳舞。另一个案例中的愤怒则是源于姐姐们对患者的敌意：年长的姐姐会威胁恐吓年幼的妹妹。有些患者的姐姐仰仗体力、智力上的优势直接威胁，有些则是嘲笑她们的努力，还有些姐姐会用一些手段使妹妹依赖她们。所有这些女孩在童年时代都经历了竞争，她们有的从未在竞争中占据优势，有的最后败下阵来。这样的经历会让她们在与其他女性的竞争中心怀恨意，自尊心很容易受到伤害。

　　与同性的竞争会唤醒她内心深处的愤怒，在她看来，必须有人对我的不幸负责，如果不是我，那必然是其他人；如果不是其他人，那就是我自己。相对而言，人们倾向于压制"是自己的错"的想法。

　　但是，她们心中"不能与男人建立起令人满意的关系，是否该责备自己"，这种折磨人的疑虑从未消失。患者总是怀疑自己是否"正常"，并为此感到焦虑。启动防御机制之后，她们会竭力强调自己是正常的。同一位患者的心理状态可以从一个极端转变到另一个极端，她可能在一开始认为自己是"不正常"

的，没有办法改善，心理分析也帮不了她；过一段时间又开始否定自己的不正常，认为自己完全不需要心理分析的帮助。

你可能会觉得，莫名的疑虑是"丑女"的烦恼，担心自己太丑，无法对异性产生吸引力。实际上，这种心理上的担忧是脱离主体独立存在的。也就是说，无论是谁，无论事实怎样，人人都可能出现这样的心理障碍，即便是美艳绝伦的女性也会出现这样的心理问题。

这种感觉会指向真实的或想象的缺点——头发太直、手太大、太胖、太高、太矮、年龄太大、皮肤太差……这些自我否定常常会伴随着深深的羞愧感。一位患者有一段时间一直为她的脚而烦恼，她跑到博物馆，拿自己的脚和雕像的脚进行比较，心里甚至想着，如果自己的脚真的那么丑就自杀。另一位患者很难理解丈夫为什么不为自己过度弯曲的脚趾感到羞愧，她觉得自己的脚趾要是长成那样，一定羞于示人。还有一位患者，因为她的兄弟曾经说她的胳膊太胖，就节食了好几个星期。还有人认为如果穿得不够漂亮，就没有吸引力。

但是着装是否得体好看，长相是否正常美观，并非症结所在，她们心中的疑虑会使她们在痛苦中不断挣扎，并受尽折磨。

女性面对痛苦时的心理防御机制

与痛苦斗争的时候，她们启动的防御机制有三种。

第一种是愤怒，撕毁显胖的衣服，甚至将怒火发泄到裁缝身上。第二种是希望自己变成男人，其中一位患者曾经明确地表达过"作为一个女人，我什么也不是"。也有人说："我若成为一个男人，处境会好得多。"第三种，也是最重要的防御方式，患者会试图证明自己能够吸引男人。她们认为，没有男人、适龄却未婚是不光彩的，会让人们看不起。而拥有男人则可以证明一个女人是正常的，因此她们会发狂地追求男人。她们对男人的标准只有一个——是个男人。那个男人有其他令她骄傲的品质当然更好，即便没有也不会成为她放弃的理由，哪怕这个男人与她在其他方面的追求相差甚远。

她在两性关系中的失败几乎是注定的。即便她成功地确立了关系，还是会找出无数理由去贬低这种成功。比如，这个男人因为没有找到其他可以和他恋爱的女人才会和我恋爱；我实在是没有办法了才和他在一起；是我逼他和我在一起的；他和我在一起不是因为爱我，而是我在某方面对他有用。

起初，我认为这种对男人的追求，部分缘于过分强调女性的从属地位，但是从心理动力机制来看，这种倾向的根本原因在于她们与同性之间进行的竞争。

对两性关系过分重视，源于两性关系之外的因素，也就是受伤害的自尊心，以及对（同性）竞争中胜利者的蔑视。一旦一个男人在感情上依赖她，她对他的兴趣就消失了。

爱情或任何感情的约束都会造成最大程度的依赖，她认为依赖是危险的，应该尽量避免。换句话来说，她对依赖的恐惧源于一种对失望和羞辱的深层恐惧。

显然，选择合适对象的可能性非常渺小。只有一种方式可以让人走出不满意的状态，那就是实现自身的成就，建立自尊，明确自己的志向。

婚姻中的女性如何面对失败

一个人可以通过成功树立自信心。但是，如果她们对待成功和对待爱情一样过度重视，那么成功和爱情一样注定会失败。

一个人在各个领域都注定失败的原因到底是什么？简单地说，因为我们在各个领域遇到的困难都一样多。有些患者有明确的追求，渴望在竞争中获得认可，但是她隐藏的不安全感同样强烈。她不屈不挠地追逐既定的目标，最后却失败了。即使是善意的批评，也会使她们沮丧，面对赞扬同样如此。正如她们不断需要新的男人一样，她们也无法使自己稳定下来做任何固定的工作。她们总是觉得，自己安下心来做某一固定类型的工作会剥夺她们追求其他兴趣的可能性。这种担忧是一种托词，因为事实是，她们从来不会去耗费任何真正意义上的精力去追寻任何兴趣。当有比她们强的女人在场时，她会感到自己低到尘埃中，感到不被人需要，并表现出强烈的愤怒。

　　进入婚姻关系之后，她们会将自己压抑的雄心转移到丈夫身上，用自己的野心去要求丈夫。但是她们的竞争意识无处不在，她们同时会无意识地等待丈夫的失败。从进入婚姻开始，他就可能被视作一个竞争对手。她们与丈夫的这种关系会伴随对他的最深的怨恨情绪，使她们跌入无能感的深渊。她们的野心与脆弱的自信心之间的矛盾是最难摆脱的。

　　包括作家、科学家、画家、医生、管理者在内的所有工作，除了自身的才能，还需要自信。一方面她们的野心过度膨胀，另一方面破碎的自信心无法使她们产生足够的勇气，让她们去真正实现自己的野心。同时，大多数患者没有意识到，她们的困扰，是野心带来的高度紧张导致的。

　　她们从一开始就希望获得荣誉，如不用练习就会弹钢琴，不用掌握技巧就能绘出杰出的画作，不用潜心钻研就能取得科学成果，不经过学习就能诊断出疾病。旁观者都能看出，她注定失败。不可避免的失败过后，她不会将失败归因于自己不现实，而是会归因于自己缺乏相关能力。于是，她会放弃自己正在做的工作，这就等于放弃通过耐心的磨炼掌握知识与技巧，换言之，等于放弃了成功的必经之路。与此同时，她的自信心会进一步减弱，与野心之间的差距自然会越来越大，越来越难以匹配。

这种没有能力去赢得任何东西的感觉会让她们受尽折磨，她们却固执于此，无法做出改变。因此这类患者越发想要向自己，以及包括心理治疗师在内的其他人证明，她没有能力做任何事情，她是笨拙的、愚蠢的。她把赞扬都当作骗人的奉承话。

嫉妒心理

在一些案例中，患者的期望会以嫉妒的形式表现出来，嫉妒那些在工作中得到异性支持的女性。她的嫉妒会伴随大量的幻想，幻想自己也能得到异性的精神帮助或道德支持。从动力机制的角度来看，她们的整体态度没有改变。患者将这种生活态度带入她隐秘的期望中时，会产生如下的效果：如果我不能以一种自然的方式赢得父亲的爱，或者得到一个男人的爱，那么我会通过表现出无助来强取爱情。这是她们以可怜来打动人的魔术。

你可能会说，显而易见，这些病例中，她们无法对工作投入足够的兴趣。实际上，从绝大多数案例来看，这种态度最后带来的是心理上的彻底贫瘠。她们的目标仍然固着在两性关系中，那个领域的冲突被转移到了工作领域，所谓的对于工作的抑制，其实是被争取爱情的渴望利用了，至少可以说是以间接的怜悯和温柔照料的方式被利用了。

这样一来，她们的工作不仅必然是低效且无法令人满意的，而且会给她们带来痛苦。这类患者必定会以加倍的力量，回到两性关系中。

随着年龄的增长，困难会变得更为明显。年轻人在两性关系中的失败很容易找到安慰，并且乐于期待更好的"命运安排"。例如 30 多岁，爱情中连续的失败与面对死亡的打击类似，她们会觉得建立起令人满意的关系的可能性越来越低。缺乏经济独立会逐渐成为一种负担。最后，患者会感觉随着年龄的增长，弥漫在工作领域的空虚感不断增加，生活变得更加没有意义，痛苦不断蔓延，这些人必然会在自我欺骗中越来越多地失去自我。他们认为只有通过爱情才能取得快乐，但是他们又得不到爱情，于是对于自身能力价值的自信进一步降低。

这让我想起了，在收集材料的时候，朋友给我讲的他家邻居的故事。

我的邻居家有3个孩子，老二是女孩，叫萨莎，比我大4岁。萨莎小时候给我的印象是不善交谈，但是成绩很好。

当我们周围的孩子一起疯跑疯闹的时候，萨莎通常是不参与的，她会在家里帮她的妈妈做家务。

随着年龄增长，她的成绩不那么突出了。也就是小学的时候是全校优等生，但是大学的时候只能算成绩平平。

不过在我们这些比她小几岁的孩子看来，她还是很优秀。她学的是当时很热门的会计专业。

后来我听说，她找的工作并不是很理想。我想这和她不善言谈的个性，以及不是很整齐的牙齿有关。也许她不爱说话也和她的牙齿有关，在此之前我还真的没有这样想过。

小时候，我们遇到的时候偶尔会聊聊天，我们的共同话题并不是很多。但是，她毕竟比我大几岁，会分享给我一些书，因此我读中学的时候，我们甚至热络过一段时间。

等到我工作之后，我们几乎见不到面了。她的消息都是我父母偶尔提起我才知道。

萨莎在结婚前一直和父母住在一起，结婚的时候已经 29 岁了。

其实我们的社区相对开放，29 岁结婚并不会让人感觉到太大的压力。

那次我的父母提起她，是因为她找了一个和她的家庭条件完全不相称的丈夫，而且是未婚先孕。因为男方的父母没有太多积蓄，家里还有未成年的弟弟妹妹，所以只简单地办了一个小型婚礼。

萨莎的父母对她的丈夫不是很满意。但事已至此，还是同意了他们的婚事，出钱在离我们社区不远、相对便宜一点的社区给他们买了一幢小房子。

她结婚之后，我在路上见过她一次，她正带着她的孩子去父母家。她对我表现得很热情，仿佛我是她非常要好的朋友。

她问我会在这里待多久，我说可能会住上两天。让我没有想到的是，她说现在要去工作，晚上会来找我聊天。我虽意外还是热情地答应了。

"你知道吗，那是我有生以来经历的最无聊的一段对话。"（这是我的朋友在给我讲述这段故事时的原话。）

我们完全找不到任何共同话题。她似乎不想冷场，反复说了很多空洞的话，还会尴尬地发笑。我也是个不喜欢冷场的人，打开几个话题，聊不了几句就结束了。到最后我已经提不起和她继续交谈的兴趣了。

她离开我家之后，我忍不住向我母亲吐槽："我怎么感觉她像变了一个人。"我的母亲倒不是很惊讶："她说话一直这样。"也许她们碰面的机会比我多，我母亲是渐渐看着她变成这样的，所以认为她一直如此。可是我不一样，以前我虽然不觉得她是多么灵慧的人，但她的成绩一直不错，至少表明她智商不低。

现在我甚至怀疑她是怎么考上大学、找到工作的。

我妈妈再提起她时，我听到了一个让我震惊的消息，萨莎的丈夫患癌症去世了。那时候她才30出头，结婚没有几年。我甚至没有听说她丈夫得病。在这之后我又遇到过她一次，她的状态已经不像我们的同龄人，而像是我姑姑辈的人。她对我还是很热情。我回想起上次交谈的压抑，并没有与她长谈，打过招呼之后便分开了。

没过多久，我听说她再婚了。我妈妈说她见过那位先生，虽然其他条件不是很好，但是个子很高，样貌中等。是的，她的第一位先生个子很矮，矮到会让人忘记他的长相。

大约是她再婚5年之后，我听说她搬回父母家，和父母住在一块儿。她似乎并没有离婚，只是和丈夫分居了很长一段时间，两个人没有孩子。她白天要上班，和第一任丈夫的孩子需要父母帮忙照顾，不得已才搬回来。

每一位读者都可能在身边发现这类女性，这种情况很大程度上是社会原因造成的，社会压缩了女性的工作空间。但是，我们前面分析的案例，很明显是由个人的心理困境引发的。

我这样描述可能会让大家觉得，造成这种状况的是两个孤立的因素，分别是社会和家庭，这是不正确的。所有案例都表明，个人发展过程中的微小困难，足以导致女性走入那样的困境，所有这一切的前提，正是女性缺乏发展空间这一社会背景。

女性的男性情结

　　个体心理学的创始人阿尔弗雷德·阿德勒曾经提到，他有一个底特律的学生——拉西教授。"她进行了一项调查，发现40%的女孩都希望自己是男孩，这就意味着她们对自己的性别不满。"这个数字庞大到让人难以想象。环境可能会帮人在某种程度上克服这种不满，也可能让这种不满日益膨胀。无法被克服的不满是生活陷入混乱和痛苦的根源。这种情绪不仅会导致精神疾病，而且会对一个人的性格形成以及命运造成影响。

　　弗洛伊德在后期的一些著作中，逐渐注意到了精神分析的片面性，即精神分析的对象通常是男性。造成这种情况的原因是，精神分析是由男性创造的。在他之后，继承和发展其思想的人也几乎都是男性。他们自然更容易理解男性，而不是女性。

　　迄今为止，人类的心理是从男性角度考虑的，女性心理同样如此，男性心理学家认为女性是感性的、主观的，男性的优势使得大众认为这种评断是客观的，并被大众广泛接受。

值得注意的是，女性已经适应了男性的这种评价和期望，并且觉得她们的适应是自己真正的天性。也就是说，从过去到现在，女性都无意识地顺从了男性思想的暗示。所以，女性个体想要摆脱这种思维方式是非常困难的。

如此一来，女性的发展程度几乎完全取决于男性衡量标准的发展。在这样的框架下，女性的天性究竟能发展到什么程度，是展现不出来的。

我们可以将男孩的观点和女孩的思想发展罗列出来，进行对比：

男孩的观点	女孩的思想发展
天真地推测 男女都有阴茎	认为男性生殖器 是两性生殖器的象征
认识到女孩没有阴茎	因发现自身缺少阴茎而悲伤
认为女孩是被阉割过的 残废的男孩	认为自己曾有阴茎， 后来被阉割
认为女孩受到过惩罚， 这种惩罚也可能威胁到男孩	认为阉割是一种惩罚
认为女孩是卑微的	认为自己是卑微的， 嫉妒有阴茎的男孩
无法想象女孩怎样克服 这种缺失和嫉妒	无法克服缺失感和自卑感， 想成为男性
害怕女孩嫉妒	终其一生，常有报复男性的念头， 因为她们有自己缺少的东西

　　这样的对应肯定不是完全客观准确，但这足以引起我们思考。我们可以反思一下，女性适应男性的思维框架在如此之早就发生了，这是否意味着小女孩的天性从来没有得到过释放，早早地就被限制了。但是，天性怎么可能不留下任何痕迹呢？我们回到之前的问题上，这种显著的相似是否只是片面表达，是否同样因为这样的判断也是在男性观点的基础上形成的？

　　我们都知道，男女之间存在很大的生物学差异，这种差异主要体现在繁殖过程中，男性和女性起到的作用不同。

　　桑多尔·费伦齐[1]在他提出的生殖器理论中指出，性交的真正激励、两性间真正的最终意义，全隐藏在回到母亲子宫的欲望中，即男性获得通过其生殖器真正再次进入子宫的权利。

　　如此看来，女性当然不会因此感到十分愉快，至少对性交的冲动，以及感受的乐趣，相对于男人来说比较小，因为对于性交，她们缺乏真正的原始冲动。

　　男性在很多领域对创造性工作都表现出了冲动性的力量，很可能是因为男性感到在创造生命的过程中起的作用相对较小，于是他们通过不断获得成就来补偿创造生命过程中的缺失感。

1　桑多尔·费伦齐（Sándor Ferenczi，1873—1933），匈牙利心理学家，早期精神分析的代表人物之一，弗洛伊德的弟子。1913 年参与创建了匈牙利精神分析协会。

乔治·格罗德克[1]称，男孩保持将母亲作为爱的对象，是很自然的。"但小女孩是怎样开始喜欢异性的呢？"

为了解决这一问题，我们首先必须认识到，关于女性中男性气质情节的观察资料有两个不同的重要来源。第一个是对孩子的直接观察，其中主观因素起的作用相对不大。每一个还没有受到过恫吓的小女孩，都坦率而毫不尴尬地表现出了阴茎嫉妒。

我们经验的第二个来源是对成年女性的分析。

我们看到，有些患者拒绝履行她们的女性职能，她们这样做的无意识动机是想成为男性。有女性患者曾表示："我曾有一个阴茎，我是一个被阉割致残的男人。"她因此产生了自卑感，甚至患上了偏执型忧郁症。

一位年仅22岁的女性患者，初见时除了有些寡言少语，几乎没有异样。交谈时言辞切题，记忆力无障碍。据描述，她近半年来生活懒散，时而恐惧紧张，时而暴怒，近期出现自言自语的症状，甚至出现幻听。

患者三代无精神病史。在问询中，她多次表示："我根本不应

1　乔治·格罗德克（Georg Groddeck，1866—1934），生于德国，卒于瑞士，精神科医生、作家，代表作有《本我的书》等。

该存在。""我应该去死。"

这位患者幼时家庭幸福，没有不良嗜好。

问及她发病前后生活的变故，她说父亲在半年前去世。

失去至亲确实是精神类疾病的常见诱因之一。

"我妈妈一直想再生一个男孩，可是她的身体不允许她再次怀孕。我的父亲很爱我，他说：'我们不需要一个男孩，我们的女儿也会很出色。'可是他在泳池边跌倒时，我却怎么也拉不动他。我甚至只会愚蠢地喊'爸爸、爸爸……'，没有大声呼救，没有打电话求救。如果我是一个像爸爸一样的男人，我就有力气把他扶起来，放到安全的地方等救护车……"

患者曾经表示："我其实是一个男孩，因为我妈妈吃了不该吃的东西，后来变成了女孩……"她"变成女孩"的原因有好几个版本，有时候说突然一天醒来，莫名其妙就成了女孩，并且描述了自己男孩时期的记忆；有时候说是自己生病，接受治疗的过程中被医生误阉割了。每次都言之凿凿，就像真发生过那样的事一样。

这位患者在生活顺遂的时候，就已经不满自己的女性身份，父亲去世时的无力感，将这种不满进一步放大，进而诱发了精神分裂症。

对男性身份的偏爱，往往缘于对父亲身份的认同。工作和生活中遇到挫折，会使女性想要逃离自己的性别身份，成为男性。但是我们应该明白，挫折是一种现实，而且很多时候，生活中的挫折是我们预想不到的。

从历史上看，两性关系在很长一段时间被视作主人与奴隶之间的关系。这是残酷的，也是事实。另外，"主人的特权之一，就是不必一直认为自己是主人，而奴隶从来都不能忘记自己的地位"。

赫拉与宙斯的关系完美演绎了这句话。

古希腊神话中的天后赫拉，是奥林匹斯山十二主神之一。赫拉和宙斯同是第二代众神之王克洛诺斯的孩子。因为克洛诺斯是推翻了父亲乌拉诺斯的统治之后才当上众神之王的，所以克洛诺斯为了不步父亲的后尘，捍卫自己的权位，决定吃掉自己的孩子以绝后患。宙斯出生时，母亲瑞亚以一块石头骗过克洛诺斯使他得以幸免。长大后的宙斯救出了自己的兄弟姐妹，其中就包括赫拉。为了防止克洛诺斯再次加害，他们的母亲将赫拉藏到赫斯佩里德斯，交由时序女神抚养。

赫拉长成少女时，林中的鸟兽都惊叹于她的美丽。不仅如此，她还在时序女神们的教导下，学会了有关万物的各种知识。

宙斯仰慕赫拉的美貌，向她求婚，许诺与她分享自己的权力和尊荣。众神奉赫拉为神母。

宙斯好色，激起了赫拉的嫉妒，赫拉用恶毒的手段惩处自己的情敌以及情敌与宙斯生的孩子。她甚至因为丈夫偷会情人，在众神面前训斥众神之王，后来更是离家出走了。为了与妻子和解，宙斯演了出戏，引她发笑。

宙斯貌似惧怕赫拉的嫉妒，因此与其他女神或凡间女子偷情时，会小心地躲避自己的妻子。妻子对他的情妇和私生子痛下杀手时，他也只是暗中帮助，不敢追究。

宙斯的情人阿尔克墨涅生子时，赫拉想尽办法阻止孩子降生，结果没能如愿，阿尔克墨涅成功诞下了赫拉克勒斯。后来赫拉唆使风神反对赫拉克勒斯，激怒了宙斯，下令将赫拉的双脚缚在铁砧上，用金链捆住她的双手，倒吊在半空中示众。众神慑于万王之王的震怒，谁也不敢为天后求情。

宙斯在求婚时许诺的权力和尊荣，瞬间荡然无存。之前他对妻子表现出的惧怕和容忍，不过是他愿意罢了。

实际上，一个女孩从出生起就会一直受自卑感暗示的影响。这种暗示是不可避免的，而且会不断增强她的男性情结。

还有一个需要进一步思考的问题。迄今为止的文明都表现出了纯粹的男性特征，对女人来说，很难真正完成自己性格的升华，这同样会进一步影响女性的自卑情绪。她们很难在这些男性职业中像男人一样取得同等水平的成功，这样的结果又反过来成了她们自卑的现实基础。

女性服从的社会地位，在多大程度上加强了其逃离女性身份的无意识动机，在我看来是无从判断的。人们也许会把这种联系看作是心理和社会因素的相互作用。我们只能在这里提出这些问题，让大家认识到，它们是些非常严肃且重要的问题。

同样的因素，对男性的发展肯定会产生不同的影响。一方面男性想要抑制女性气质的愿望更加强烈，性别认知的错位会带有自卑的烙印；另一方面成功地将它们升华，对男性来说又容易得多。

上述讨论中对女性心理学问题的解释，在许多方面与时下观点不同，我描绘的甚至可能是对立观点的片面之词，但我的主要意图是想指出，错误认知的根源可能是观察者的性别。我们需要摆脱男性或女性观点的主观性，获得一幅女性的精神发展图谱，从而得出更符合女性本质的实质特征。

焦虑之下，女孩子会以虚构的男性角色逃脱困境。

这种逃脱能获得怎样的实质收获呢？所有的精神分析学者都有过这样的发现：一般来说，想做男性的愿望比较容易得到认可。

　　但是，这种想脱离自己的队列，到男性队伍中去的意图，会不可避免地带来一种自卑感，女性开始用不属于她的特定生物特征的资格与价值来衡量自己，结果只会觉得自己无能。

　　虽然这种自卑感非常令人苦恼，但分析经验向我们表明，容忍这种自卑感，相对来说更容易。

　　那么这种嫉妒是如何转化发展为对异性的爱恋的呢？

　　我在原则上同意弗洛伊德有关阴茎嫉妒的观点，但是我认为，对于女性爱恋发展的本质可以有不同的描述。关于该如何从心理学的角度，想象这种原始的生物性原则问题，我们必须再次承认我们的无知。实际上，在这一方面，我越来越相信，或许因果关系正相反，羡慕和嫉妒可能是导致爱恋的根源。

　　我们必须认识到，女性在社会中总是处于不利地位，加强了她们逃离女性身份成为男性的动机。想要成为一个男性的欲望，是无意识动机的合理化形式。我们不应忘记，女性在社会中的不利地位实际上是一种现实，并且它比大部分女性所知道的要严重得多。乔治·齐美尔[1]说："从社会学的角度来看，这件事与男性在力量上的优势有很大关系。"

1　乔治·齐美尔（Georg Simmel, 1858—1918），德国社会学家、哲学家。著有《社会学：关于社会交往形式的探讨》《社会学的根本问题：个人与社会》等。

童年经历
对两性心理的影响

人类与动物之间存在一个明显的区别，那就是人类婴儿需要完全依赖成年人才能存活的时期格外长。人们总说童年是无忧无虑的，其实这是成年人有意无意制造的幻觉，对孩子来说，童年到处是危险的魔鬼。我们认真地回忆一下，自己的童年时期是不是也有需要释放的激情和本能，只是性质与成年人不同罢了。

受表达能力的限制，对于孩子来说，直接表达欲望并非易事。即便表达出来往往也不会被认真对待。孩童严肃的神情不是被视作幼稚的可爱，就是被忽视或者被拒绝。总之，孩子们几乎都有过被拒绝、被出卖、被谎言伤害的经历，很多时候这种经历不仅是痛苦的，甚至是令他们感到耻辱的。

孩子比成人更无力面对这一切，他们甚至不被允许释放自己的愤怒，也没有足够的智慧去处理这些经历。所以，愤怒和敌对的思想只能以幻想的形式禁锢在小小的身躯内，这些幻想如果被曝光出来，在大人眼里一定是罪恶的。

孩子只能模糊地意识到自己体内的这些破坏力，根据同态复仇[1]法则，他会感觉同样受到大人的威胁，这就是幼儿焦虑的起源。没有孩子能完全摆脱幼儿焦虑，长大成人进入婚姻之后，幼时受到父亲或母亲威胁的恐惧被重新唤醒，迫使我们本能地采取守势。换句话说，对所爱之人的恐惧总是掺杂着恐慌和害怕。比如，阿鲁岛上的情人决不会把头发当礼物送给心上人，因为他害怕如果两人起争执，心上人会把他的头发烧掉，让他生病。

我们可以用下面这个典型的例子简单描绘一下，童年的冲突对后来的两性关系造成的影响：

由于对父亲极度失望，心理严重受创的少女，将接受转变成强迫夺取，将本能的愿望转变成怀恨的愿望，她不仅会拒绝母性的本能，而且心里会变得只有一个驱动力，那就是伤害男性，剥

1　同态复仇，原始社会中一种复仇的习俗。当氏族部落成员遭受其他氏族部落成员伤害时，则对后者施以同样的伤害，即所谓"以眼还眼，以牙还牙"。

削他，榨干他，她成了吸血鬼。少女从接受转变为掠夺，我们假设存在这样的转变模式，再进一步假设，掠夺的心理由于罪恶感受到压抑。这类女性因为害怕男人会怀疑她想从他身上得到什么，所以不能和男人和睦相处，她担心男人会猜出她内心压抑的渴求。或者她会把自己的心理投射到对方身上，想象男人只是想剥削她，从她身上获得满足，然后抛弃她。

我们还可以想象另一种反应模式，有一类女性会避免索取或接受丈夫的任何东西。实际上这类女性被唤起的是对愿望的抑制，对未实现的愿望做出忧郁消沉的反应，而忧郁消沉比直接对抗给对方造成的伤害更大。压抑对男性的敌对行为会使她丧失活力，面对生活，她会觉得束手无策，进而把导致自己产生这种无力感的责任全部推脱到男人身上，掠夺他的生命力。这类女人会在无助和幼稚的伪装下控制男人。

说完女性，我们再来看看男性。为什么有些肯定女性价值、尊重女性的男性，也会在内心深处潜藏着对女性的不信任呢？这种不信任是否也源于他们儿童时期与母亲相处的经历呢？我想答案是肯定的。那么我们不妨把关注点放到男性对女性的某些典型态度上，以及这些态度在不同历史时期、不同文化中是怎样呈现的。

　　就像《圣经·旧约》中描述的那样，犹太文化是家长式的，这一点从他们的宗教中就可以看出来，犹太人的宗教中没有母系女神，反映在道德和风俗习惯上就是丈夫只需简单地把妻子打发走，就可以解除婚姻关系，这是丈夫的权利。

　　有了这种背景认识，我们就可以从亚当和夏娃的故事中发现极其明显的男权至上的思想。首先，亚当和夏娃的故事在很大程度上贬低甚至否认了女性的生育能力：夏娃是由亚当的肋骨制造出来的，耶和华诅咒她怀孕产子必受苦痛。其次，夏娃把智慧果递给亚当被解读成性诱惑，故事中的女性成了性诱惑者的形象，男性成了受害者。这种思想从古至今一直在两性关系中起着破坏作用，男性对女性的恐惧深深植根于性欲，男性害怕有性吸引力的女性，但又强烈地渴望得到她。

　　席勒 [1] 通过诗歌形象地描绘出了这种恐惧和渴望：

1　席勒（Schiller，1759—1805），德国剧作家、诗人。代表作包括剧作《强盗》《阴谋和爱情》《欢乐颂》《唐·卡洛斯》《华伦斯坦》《奥尔良的姑娘》等，诗歌有《致春天》《潜水者》等。

《潜水者》

（1797）

卡律布狄斯正在叫嚷，把吸进的水吐了出来，

海涛像远处轰鸣的雷声，汹涌地冲出阴暗的深洞。

···········

狂暴的威力终于平息，从白色浪花之中现出一条黑黑的缝隙，

深无底，仿佛跟地狱相通；

···········

"我下面还有万丈深，笼罩着紫色的晕暗，

耳边是一片永恒的寂静，一眼看下去，却毛骨悚然，

竹麦鱼、火蛇，还有蝾螈，在可怕的地狱洞里面蠢动。"

···········

有一种天力攫住他的心，勇气在眼中闪耀，

他看到美人面泛红云，又见她面色发白而晕倒；

这就驱使他要夺获重赏，不顾生与死去蹈赴海洋。

在这首题为《潜水者》的优美长诗中，席勒描绘了一个男子为了赢得那位怜惜他的公主，义无反顾地跳入他明知的危险之中。

　　席勒的另一首调性轻快的诗歌《渔童》中，也表达了同样的思想：

> 清澈、微笑的湖水允许别人在它的深处游泳，
>
> 一个男孩在它绿色的岸上睡觉，
>
> 然后他听到一首曲子，
>
> 流畅、柔和……
>
> 像天使在高处唱歌般的甜美。
>
> 他兴奋激动地醒来，
>
> 水在他的胸腔下低语，
>
> 从深处传来一个声音：
>
> "你必须和我一起走，我迷住了这个牧童，
>
> 我要把他诱惑下来。"

4

你知道如何
与另一半沟通吗

Marriage Psychology

不要吝啬自己的关注，

一定要对他所说的话及时地表达共情，

向他传递你在关注这件事，

你在乎并重视和他的谈话内容，

你对他的感受有着同样的感受，

你能包容并理解他的做法、想法，

这就是共情力。

亲爱的，有话好好说

　　我们这本书，有一大半的主题归纳到最后，其实都是在讲"有话好好说"。世间婚姻所有矛盾的源头，大多是沟通导致的。

　　有女性朋友会说："拜托，这也需要另一半配合才行啊。"她们抱怨男人常常在需要他开口讲话时死活不吭声，惹急了冒出来一句话能噎死人。

　　男人也会觉得女人在不该讲话的时候，常常不分时间、地点讲一些不合适的话，将本来很棒的事情弄得很糟糕。

　　而如果遇到特殊的、突发的事件，两个人都比较着急或比较焦虑时，"不好好说话"可能会引发更严重的后果。

　　我举一个我遇到的例子，也许就是你和你另一半的故事。

　　露西和皮尔斯认识一年后，走进了婚姻殿堂，并在婚礼后去夏威夷岛欢度蜜月，这本来是一件很棒的事情是吧？

　　但是蜜月中发生了一个小插曲。出发前，露西电话预订了一个特别棒的民宿，但是忘了抄写地址和民宿名字。到达海边后，这样他们就面临着难题：要拖着沉重的行李箱在附近晃悠，然后一家一家看名字，凭着印象确定是否是这家。

　　当时天气非常炎热，开始的时候，皮尔斯还算正常，安慰露西说："亲爱的，没有关系，我们慢慢找。"

　　但是半个小时过去了，他们依然没找到，在问路的时候，还被恶意地指了一个相反的方向，走了不少冤枉路，最后在好心人的指点下，才绕路走回来。

　　这将他们的好心情一下子就破坏了，双方没有了最开始的悠闲和相互理解，开始有了怨言。

　　在一岔路口，双方有了不同的意见：皮尔斯认为从左边走应该就快到了，这是他根据周围的环境判断的，因为左前方是民宿集中地，那家民宿很可能也在里面；露西则认为，当时她看过地图和周边的环境，民宿应该在右方台阶上的位置。

　　于是，双方有了小小的争执，本着绅士风度，皮尔斯选择了让步，虽有怨气，仍拖着重重的行李箱，爬上了右边高高的台阶。这是一个辛苦的过程，还有点狼狈，两人的好心情完全没有了。

　　事实显而易见，他们选择错了。在问过当地人后发现，皮尔斯当初的看法是正确的。

皮尔斯再也忍不住了，带着情绪说了一句不该说的话："嘿！我说嘛，应该走左边的，你为什么总是不听我的？"

露西有些不高兴，但还是为自己的错误道歉了："亲爱的，对不起，是我的错，我们现在去那边吧。"

"说得容易，这么高的台阶，这么重的箱子，你认为那么简单吗？你是怎么回事？如果不是你忘记抄写名字和地址，我们也不会在太阳下晒这么久；如果不是你选错了地方，我们就不用爬这么高的台阶，带着这么重的箱子；如果不是你……"

说到这里的时候，皮尔斯闭上了他咄咄逼人的嘴巴，因为他发现露西已经委屈得涌出了泪水。

这真是个糟糕的时刻，他们才结婚三天呢。

还好，难过的露西此时依旧保持理智，没有和他一样恶言相向将事情继续恶化，而是轻声说了句："嗨，亲爱的，有话好好说，我们还要过一辈子，难道以后遇到这样的事，也这样处理吗？"

这句话让皮尔斯呆在了那里，他是个聪明的男人，很快就理解了露西话中的意思，迅速放下了行李箱，给了她一个大大的拥抱，然后真心地道歉了。

他们找到民宿后，休息了一下，坐了下来，针对今天的事进行了一番长谈，这是一个警钟，给他们敲响了婚姻中第一个亟须面对的问题：以后两个人在一起生活的时间还很长，再遇到这种情况，他们要如何解决呢？

还好，他们很快就达成了共识。

通过语言将事情变得糟糕，是件成本低、伤害大并且听起来十分愚蠢的事。更让人讨厌的是，几乎每个人都不可避免地会遇上这种事情。

有两个方法可以极大避免或减少这类事情的发生：自己好好说话，引导另一半好好说话。

也就是说，双方需保持冷静，好好说话，好好处理问题，不再着急，不再失控，不再冒失。

我们为什么要好好说话呢？原因也有两个：

第一，你想有一个幸福美满的家庭，想在婚姻生活中与另一半建立充满爱的亲密关系，希望可以通过学习，让你们的关系更融洽一些。这也是我们在婚姻中的责任与义务。

第二，每个成年人都应该为自己的语言、行为负责，不能将自己的情绪转移到他人身上，用言语去攻击或伤害别人，会将事情变得更加糟糕。

但是，另一半不配合时，我们又该怎么办呢？这时，另一方应该更冷静。一个人的一时冲动会引起严重后果，两个人寸步不让会让关系迅速崩坏，而阻止这种事情发生，是双方都应该努力的事情，也是双方的责任。

正确引导另一半是很重要的修行，比克制自己更难，因为你将面临对方的误解、攻击、不配合以及冷漠，为了解决这个难题，需要你们在平时的交流中提前达成共识：在特殊时刻、突发事件中，二人如何处理矛盾。

同时，我们也要及时明确婚姻中的底线。在对方冒失时，可以告诉他，"亲爱的，请好好说话""亲爱的，请不要这样，我不喜欢"，及时且坚决地表达自己的底线。

还有最重要的一点，好好说话，从不说"如果不是你……"的指责话语开始。"如果不是你……"这种话是极其不负责任的攻击性话语，是破坏友好沟通的开始。

为什么夫妻间
总是用"编码"交流

男女的"脑回路"不同

有人将男女的区别比喻为"不是两个世界的不同，而是两个星球、两个宇宙的不同"。两者之间的区别真的这么大吗？有人认为最基本的不同大概表现在日常对话中：自己听到的和对方说的根本不是一个意思，而自己表达的对方好像永远都听不懂，双方不停地在误解。就好像我们其实并不是在说话，而是在说编码，并容易在破译过程中理解错误。最重要的是，夫妻双方说话都像在编码，编码对编码，这个沟通成本和出错概率就太高了。

一个工作日下午，天气不错，正在专心工作的罗伯收到妻子卡洛琳发来的信息："晚上聚会的时候，我们都不要提起琳达婶婶的孩子生病的事，免得破坏美好气氛，让她又提起伤心事变得难过起来。"

"OK，我会做到的。"

罗伯快速回复了妻子的信息。

晚上的时候，亲朋好友都在，罗伯见琳达婶婶非常憔悴，便拥抱了她，拍拍她的后背说："亲爱的婶婶，对你来说，最近的日子一定很难过吧。"

琳达被触及了伤心事，主动和大家说起生病的孩子，以及治疗过程，这个话题占据了整个聚会，气氛有点和预想的不一样。

卡洛琳再三提醒罗伯，不要再与婶婶继续讨论这个话题，但是罗伯显然进入了角色不能自拔，开始热心地为婶婶出谋划策，并向她介绍了自己的医生朋友。

勉强撑到聚会结束，所有的亲朋好友都离开后，他们两个人坐在沙发上都有些疲惫，卡洛琳情绪不太好，有点烦躁地说："是我表达得不够清楚吗？下午我提醒过你，不要在聚会时提她孩子的病情。"

罗伯并不认为这是件大事，随口回答道："亲爱的，不是我提起的，我只是问她最近的状况，是她主动提起的。"

卡洛琳说："我表达得很清楚了，不要提及任何与这个有关的事，你根本不该提。"

罗伯很委屈："我只字未提，只是问了她的心情，而且亲爱的，你是在指责我吗？为了这样一件小事，用这样的语气？"

"我用了什么样的语气？我不是很平和吗？而且我也在反省自己，是我表达得不够清楚吗？我先从自己身上找原因。"

罗伯否认了她的观点："不不不，亲爱的，你说的是'我表达得不够清楚吗？'但听在我耳朵里，好像你在指责我是不是聋了。"

"你是故意曲解我的意思吗？"卡洛琳愤怒了。

罗伯更愤怒："不，是你为了这样一件小事指责我，过于兴师动众。"

看似一件微不足道的小事，为什么会引发这样的后果呢？而且双方都觉得很委屈，不明白对方为什么这样，都觉得自己是无辜和被指责的那一方，对方简直莫名其妙。

可见我们都只站在自己的视角看问题，根据自己的需求来表达，没有换位思考，也没有顾及对方当时的感受。

问题没有人重要

在共同朋友的帮助下，卡洛琳和罗伯终于能够平静地坐下来，理智地表述自己当时想表达的真正意思和当时的感受了。

是的，我们在争吵中，也总会出现这样的情况，我在说事实，你却在说感受；我在说感受的时候，你已经开始指责了。这个过程需要大家频率一致，说事实时，大家都说事实；说感受的时候，大家就都说感受。至于指责，何不换成解决问题？

卡洛琳当时想表述的是，难道是她没有表述清楚，所以罗伯才违反了下午的约定？还是罗伯根本不把她的话当一回事，不够尊重她，对她期待和要求的事漠不关心，甚至敷衍欺骗？

而罗伯根本没有想那么多，他没有理解卡洛琳说的"不提这事儿"，是连问候和安慰也不行，根本不能触及。

卡洛琳则解释说，自己的情绪来自"我后来提醒了你很多次，你为什么不终止这个话题？"

而罗伯则认为，从他的角度来看，不是他提起的，但既然婶婶提起了，说明她有这样的情感需求，自己应该倾听她，并力所能及地帮助她。

　　罗伯也说了自己当时的感受："我觉得这是一件小事，却受到了这样过分的指责，这样对我不公平，也不够尊重我。"

　　因此，当你觉得你的伴侣怎么这样不可理喻，为一件小事而责备、争吵，或感觉到对方不爱你，不尊重你，并不意味着这是真的，而是可能在破解密码的过程中出错了，需要你们双方静下心来去表述，去沟通，只阐述事实和感受，不指责，不误解，及时地换位思考。

不带情绪的有效沟通
才能解决矛盾

通过前面的描述，我们不难发现沟通的重要性及必要性。因此不妨来谈谈，如何才能做到有效沟通。

要理解怎样才能做到有效沟通，首先我们要明白什么样的沟通是无效沟通。

汤姆和丽莎因为8岁的儿子杰瑞米的教育问题，出现了争执。起因是杰瑞米在学校和同学打篮球，从互相推搡演变成了打架，双方都没有受伤，但老师知会了双方家长。

杰瑞米放学回家后，丽莎很严肃地要求杰瑞米把事情的来龙去脉说清楚，"他一直挤我，踩了我的鞋，然后我就推了他的肩膀，他就转过头来，拿胸口撞我……"丽莎绷着脸问："然后呢，你做了什么？"杰瑞米看到妈妈如此严肃，害怕地低下了头，说话声音越来越小，"然后我就又推了他一下……"

汤姆觉得男孩子间的打架不算什么大事，见家里的气氛这么紧张，出来打圆场："嘿，男孩子之间，这很正常……先吃饭吧，明天互相道个歉就行了。"

丽莎觉得汤姆在妨碍她教育孩子，于是说："杰瑞米，你回房间好好想想，我们一会儿再谈。汤姆，我们先谈谈。"

汤姆和丽莎回到卧室，关上了房门。

丽莎先开口："我觉得你的态度不对，我在问孩子发生了什么，什么都还不知道，你怎么能随意下结论。"

汤姆说："我也曾经是个男孩，我怎么会不知道发生了什么？你不用那么大惊小怪。"

丽莎强压怒火："我怎么大惊小怪了？我只不过想知道到底是谁的错。如果是杰瑞米的错，他应该知道自己错在哪；如果不是他的错，我也不能让自己的儿子受委屈。"

汤姆察觉到了丽莎的怒火，用息事宁人的语气说："丽莎，你不用这么紧张。男孩子间的打打闹闹很多时候根本分不清对错，这是他们的一种相处方式，他们自己会解决。你看杰瑞米刚才的样子，你不觉得你让他受的委屈更大吗？"

丽莎听丈夫这么说，刚要消下去的怒火又蹿了上来："我怎么让杰瑞米受委屈了，我又没有骂他，我只是想了解事情的经过，这都不行吗？你总是这个样子，什么事都不肯认真对待。既然你不想管，我管孩子的时候，你就不要插手！"

这就是典型的无效沟通，不仅没有达到沟通的目的，还引发了新的矛盾。

要做到有效沟通，首先在沟通的时候不要带有情绪。因为带有愤怒、不快等情绪的时候，很容易语带指责，而自己又不自知。

愤怒的时候，甚至会出现记忆偏差，"我没有这么说！""你刚才明明就是这么说的！"这样的对话想必大家都不陌生，没有任何一方刻意撒谎，却无法就几秒钟之前的一个基本事实（到底有没有"这么说"）达成共识。这是因为愤怒对表达、听力和理解力都会造成影响，在这种情况下，想要就某个更复杂的问题达成共识是不可能的。

另外，沟通的时候要针对固定的单一话题，不能过度发散。翻旧账是一定要避免的。即便你在表达自己观点的时候，联想到了过去的某件事，也不要拿它当你的论据。如果那是一件当时没有解决，但你认为需要解决的事，那就以后找时间再谈；如果当时已经解决，那就更不需要翻来覆去地说。

　　另外，不要过早下结论。汤姆说丽莎"大惊小怪"，虽然他可能并没有意识到，但对于丽莎来说这是一种负面结论。在她听来，汤姆不认为自己在认真处理孩子成长过程中发生的暴力事件，反而认为自己是"大惊小怪"。那么这时候汤姆要怎样表达，才能不点燃丽莎的怒火呢？其实很简单，只需要直接表达自己的感受："我看到杰瑞米低下头，声音越来越小，我很心疼，很同情我们的儿子。"丽莎一定能马上注意到自己处理这件事时的不妥之处。

　　所有的沟通都是为了能够互相理解，为了化解现有矛盾，而不是分出胜负，因此一定要从释放善意开始。需要强调的是，给对方和自己思考的时间，允许对方短暂沉默，很多时候对方只是在思考，并不是逃避沟通，你也可以趁这段时间整理自己的思路。

　　指责对方"拒绝沟通"，是沟通过程中时常会遇到的"次生矛盾"。一方滔滔不绝地表达了很长一段时间，当他认为自己的表达告一段落，想要听对方的表达，实则想要听到对方认可自己的观点时，只要没有马上发表观点，滔滔不绝的一方就会重新兴奋起来，指责对方拒绝沟通。实际上，对方可能只是在整理自己的思路，或者从聆听模式转换到表达模式需要一点时间。人与人之间的正常沟通不可能像辩论赛一样紧锣密鼓，应该允许现场出现短暂的沉默。

还有一点很重要，却时常会被人忽略：聆听也是沟通的一部分。有些人在沟通的时候，大脑高速运转——搜索记忆、整理思路、输出表达，所以会滔滔不绝，忘记沟通是两个人的事。因此一定要刻意提醒自己，给对方表达的时间，对方表达的时候要认真聆听。对于很多人来说，聆听比表达还难。如果你的大脑一时无法集中，还沉浸在表达模式中，那就刻意抓住几个关键词，让对方再说一遍。对方会将这样的请求视作你重视他的表达，再重复的时候，会更详细地陈述自己的观点，你的大脑正好也可以趁这个时间转换到聆听模式。

最后要强调的是，沟通不要急于求成。也许一次沟通并不能让你们达成共识，这很正常。择期再谈并不意味着这次沟通失败，你们反而有更多的时间去消化对方的表达，重新整理自己的思路。

另外，关于沟通，存在一个流传甚广的错误观点：吵架也是一种沟通。如果吵架只是相对激烈的表达方式，或许能在某种程度上达到沟通的目的；若是主要体现在自我表达和自我宣泄两方面，那就不属于完整的有效沟通。如果吵架中包含了辱骂的语言，那无论如何也不能称为沟通，至少不是导向幸福婚姻的有效沟通。辱骂是带有恶意的，羞辱式的表达，除了天生的受虐狂或者毫无自尊的人，任何人听到这样的言语都会产生带有敌意的、想要否定的想法。

　　还有一个问题需要格外强调，很多人常有意无意地将自己的伴侣与朋友或他人的伴侣进行比较，如果得出的结论是正面的，通常还好；如果得出的结论是自己的丈夫（或妻子）在某个方面（甚至多个方面，或各个方面）不如其他人的丈夫（或妻子），这种指责与直接指出对方的不足相比，造成的伤害要大得多。被比较的人不仅自尊心会受到伤害，更重要的是他会认为这是对他人格的践踏。

　　在这种情况下，几乎没有人还有能力去反思自己是否真的做得不够好，他会将这类言论视作对自己的攻击。面对攻击，一个人最本能的反应就是抵抗并反击。由此引发的冲突无须举例，想必每位读者都能从自己或周围的人身上找到无数例子。

　　这类毫无益处、毫无意义的语言和行为，是婚姻生活中最应该极力避免的。

亲密对话的四大技巧

　　在建立亲密关系的过程中，对话是最基础的部分。事实上，人类之间建立联系的根本就是沟通。每次约会的时候，你们共度的时光大部分靠对话完成。

　　那么什么样的对话才能让彼此感觉更棒，拉近距离，建立信任和亲密，完成你期待的小目标呢？我认为可以尝试一下这四个沟通技巧。

多多分享你的想法和感觉

　　亲密对话和日常人际关系中的沟通是一样的，一般由陈述事实和表达感受构成。而在亲密对话中，表达感受应该要多于陈述事实。

　　例如当你们约会的时候，你可以试着通过阐述一件事来表达自己的感受。

　　玛西亚的恋爱对象是个不善言辞的男孩，他们每次约会的时候都非常沉闷，气氛常常凝固：男士不主动开口，女孩又比较矜持。尴尬就这样发生了，看样子，如果一直这样下去，两个人的距离很可能会越来越远，最后甚至会变得无话可谈失去联系。

　　为此玛西亚决定自己先做个改变，她试着做主动分享的那个人，于是在下一次约会两个人又陷入了尴尬氛围中的时候，玛西亚开口了，她说："你知道吗，我喜欢的歌手是曾经红极一时的民谣歌手艾文斯，但是后来发生了一件事，我就再也不喜欢他了，虽然他的歌很棒，但我敬而远之。"

　　这句话成功吸引了男孩的注意力，他不由自主地问："发生了什么事，你为什么不再喜欢他了呢？要知道他的歌很棒，我也非常喜欢。"

　　玛西亚说，有一次，她看到新闻上说，艾文斯在歌里把自己写得非常深情，但其实他对婚姻和爱情并没有那么忠诚，在生活中也不像歌曲中那样纯净，而是一个彻底的享乐主义者，多次出轨，最终导致妻子带着女儿离开了他。玛西亚又说了自己的感受："你知道吗，这让我感觉很糟糕，我喜欢的是歌曲中那种纯净的爱情，而不是一位花花公子。"

"哦，原来是这样！这的确是一种糟糕的感觉，我也被他在歌曲里的深情骗了。"男孩被这个消息震惊了，终于与玛西亚发生了共鸣，两人就"要不要在乎偶像私德"这件事进行了有趣又热烈的讨论。

看，这就是一次非常棒的谈话。

如果真的无话可说，你也可以尝试分享一件自己小时候遇到的事，也可以分享工作中遇到的事。讲出这个故事，并且说出自己的感受，对方就会被你吸引，并引发共鸣。你的感受代表着你的思想，对方可以加深对你的了解，而在对你了解的过程中，与你的距离也渐渐缩短，你们就像久违的老朋友那样，关系自然而然地就融洽了。

学会引导对方进行深入交谈

你在约会时是否遇到过这样的情景：本来你们在聊一个特别有趣的话题，开头很热烈，但是聊了没多久对方就失去了兴趣，草草收场，气氛又陷入了尴尬。无话可谈就意味着两人可能要结束这次约会了，并且惧怕下一次约会，因为不知道下次能聊什么。但是如果聊得比较深入，就会不由自主地延长约会时间，或者在不得不分开时意犹未尽，念念不忘，在短时间内开启另一场对话或约会。

那么，如何聊得更加深入呢？建议可以采用提问的方式，挑选一个有趣的话题作为开端，仔细聆听后，从中寻找发问的机会，在问答的过程中加深彼此的了解，并引导对方一直分享下去。

比如：

问：你小时候最难忘的事情是什么？

答：我想是 10 岁那年与妈妈分开吧，她与爸爸结束了婚姻，将要去另一个城市开始全新的生活，不得不将我托给爸爸抚养。

问：亲爱的，我很抱歉，那一定是非常难受的时刻吧，告诉我，你当时是怎么想的呢？

答：对，我非常难受。当时我在想，我一定要快点长大，可以独立自主，然后去她的城市找她。

问：这太棒了，真没想到你那么小，就有这么伟大的想法。后来你去找她了吗？在你长大之后？

答：对，我去找她了。在我大学的第一个暑假，我毫不犹豫地去了她所在的城市，看望了她。

问：哇，这太棒了，你真了不起，你真的做到了！真不容易，为了这一刻你一定吃了不少苦，做了不少准备吧？但是你实现了！

答：是的，为了能去看她，我整整打了一年工，才攒够机票，那的确是个辛苦的过程。

问：哦，亲爱的，我真为你自豪，你真的太了不起了，你去看她的时候发生了什么，你们去了哪些地方玩？

答：是的，我们一起去旅行了，我们去了……

看，这样简单的开端，就可以引发一系列的问答对话，而且你可以获取很多的信息，从这个问题你知道了你将来的另一半来自单亲家庭，并且在大一的暑假那年就去国外旅游，他还和你分享了旅行中的乐事和意外，以及他的各种感受……此时，你不仅仅是他的老朋友，也是他最亲密的伴侣，他愿意将这一切都毫无保留地讲给你听，你们的感情越来越牢固，两颗心的距离越来越近，彼此了解越来越深，自然也越来越信任对方。

在交谈中获得对方的信任

有些人天生不善言辞，特别是男性，通常不愿意向人敞开心扉，讲述自己的故事或阐述自己的情绪，这些对他们来说，是一件非常难的事。但是在亲密关系中，不对话就不能增进感情，也不能对他有所了解，这就需要通过引导，让对方对你敞开心扉，愿意与你交流互动。

你可以告诉他，他是你特别在乎的人，他对你很重要，你想知道发生在他身上的故事和他此时的心情，希望他可以与你分享和交流。你想知道针对某件事，他是怎么想的，如何处理的，而最终的结果是怎么样的，他个人对这件事的感受是怎么样的。

最重要的是，你作为他的伴侣和旁观者，一定要告诉他你对这件事的看法，一定要记得告诉他，无论发生任何事，你都理解他、包容他，站在他身边，以他的利益为利益，永远无条件支持他。

认同他并告诉他你的想法

伴侣向你阐述一件自己经历的事，或自己的感受时，本质上他需要向人倾诉，希望你能为他分担这种忧愁或愉悦，那么你也不要吝啬自己的关注，一定要对他所说的话及时地表达共情，向他传递你在关注这件事，你在乎并重视和他的谈话内容，你对他的感受有着同样的感受，你能包容和理解他的做法、想法与感受，这就是共情力。

如果伴侣向你阐述了一件事，你无法理解他的想法与做法，处处挑剔或指责他做得不对，那么对他来说，将是非常可怕的打击。如果他反复向你表达他的感受：告诉你他很开心，或者很难受，你都无动于衷，对他来说，也是一件失望和难过的事。这样做造成的后果很可能就是，以后他再也不愿意与你分享这些事了，而且也不愿意再倾听你说关于你的事。因为你没有对他产生共情，他也不想对你产生共情，同时还紧闭了自己的心扉。

表达共情的方式有很多种，最常用的有：

我理解你的感受！

亲爱的，这一定很艰难吧！

我能感觉到你当时的难过，我也替你难过，不过，还好过去了！

我支持你，我站在你这边！

我相信你！

你生气是有理由的，我相信你！

最后，当然不要忘记给对方一个拥抱，哪怕你什么也不说，也会让对方觉得你是站在他那边的，你能理解他的心情，能感受到他的情绪。

培养你的喜爱与赞美

毫不吝啬地表达你的喜爱与赞美

在夫妻间，最能提升幸福指数、增加感情的技巧，不是烛光晚餐，也不是神秘礼物，而是积极主动地表达自己的喜爱与赞美。

克莉丝与西蒙结婚六年了，没有孩子，各自忙着自己的工作，就像合租的人那样，只是忙了一天后回来搭伙吃个饭睡个觉，没有任何亲密可言。双方都是经济独立的人，渐渐对这种婚姻关系和对方都失去了耐心，只要对方稍微踏入一点自己的领地，就容易摩擦起火，产生矛盾。

直到有一天，两个人醒悟过来，开始同时思考一个严肃又严重的问题：这样无聊的婚姻是否还要继续下去?

这个念头浮现后，就再也挥之不去了，这让两人产生了隔阂，看对方做任何事情都觉得不满意，战争一触即发。

在家人的建议下，他们一起接受了亲密关系方面的诊断及咨询。在诊断中，咨询师给他们设置了几道题：

第一，你们为什么想要离婚？请列举至少五十条原因。

克莉丝列举了整整六十条原因，而西蒙只列举了十多条，无非是自己做什么对方都看不顺眼，总挑剔自己，让自己很有挫败感，觉得这段婚姻没有存在价值。

第二，对方有哪些缺点是你讨厌且无法忍受的？请列举至少五十条。

克莉丝列举了一百多条，并表示还有很多很多，一下子列举不出来。我们来看看克莉丝都列举了西蒙的哪些缺点呢？无非是每天进门不摆好皮鞋、外套不挂在指定位置、上厕所不掀马桶盖、不冲马桶、刷牙后刷子那头总是朝下、总是乱丢袜子、让他办的事总是办不好记不住、记不住纪念日、睡觉打呼噜、吃饭吧唧嘴……最最可恶的就是说了六年，每天都在批评他，但是他从来不改，这分明是不在乎自己、不尊重自己。

而西蒙列举的那十多条，集中起来无非还是在说，自己无论做什么对方都不满意，对方每天都在不停地挑剔自己。

说来说去，他们夫妻二人是不是其实在说同一件事呢？

克莉丝对西蒙心生不满，并且在日常生活中多次打击并批评他，最终造成西蒙的失败感。

在治疗时，咨询师也让他们做了几道题：

第一，列举对方的优点至少五十条，打印出来，当面念给对方听。

也许是女性格外敏感细腻，虽然要离婚了，但克莉丝仍细细地列出了西蒙的一百多条优点，并且十分公平公正。这让西蒙觉得很惊讶，他从来都不知道，克莉丝观察得这么仔细，原来在内心对他是十分认可的，发掘了他的很多优点，很多连他自己都没意识到。这让他很感动，同时也很疑惑：既然你觉得我很棒，为什么从来不告诉我？为什么一开口就是指责、抱怨、责备、打击和贬损？

第二，咨询师问克莉丝，西蒙既然有这么多优点，也并不是那么糟糕吧？你对他还心存爱意吗？答案是肯定的。克莉丝依然深爱着西蒙，但却从来没表达过自己的爱意，一张口就只有负面的指责。

问题的症结找出来了，接下来就是帮助他们的过程了。咨询师只是告诉这对夫妻，他们没有人触碰到婚姻的红线，不需要用分开这种消极的方式，只需要向对方表达自己的喜欢以及赞美。

人们为什么需要被人喜欢和赞美?

人是感性动物,生来没有安全感,需要同类的认同与肯定,特别是在乎的那个人。一句喜欢可以让对方知道你有多爱他,他有多优秀,有多值得被爱。这样就可以给他鼓励和信心,也能增强他的自尊感。

当然了,人都是有缺点的,但不管他的缺点有多少,你在表达的时候,一定要委婉。

也就是说,我们在说对方的优点,以及表达自己的喜爱时,一定要热烈而直接;但是在提出对方的缺点时,一定要考虑周全,并照顾对方的感受。

美好的婚姻是需要用喜欢和赞美来成就的,培养表达喜欢和赞美的方法很简单,只需要从现在开始,从小事开始,养成正面积极的习惯。

婚姻中的冲突和成因

Marriage Psychology

婚姻中的付出与回报，

也要追求心理层面的公平。

只有一个人觉得自己的付出是值得的，

他才能获得幸福感、满足感，

并愿意持续付出。

矛盾的五种表现形式

夫妻间最常见的矛盾一般从争吵开始，而争吵恶化的开端，是对另一半大吼大叫。语言过激往往最伤感情，而且是一个累积叠加的过程，持续时间长，其中常常夹杂着翻旧账。同时，这种形式往往会引发暴力，但是今天我们不在这里讨论"暴力"这个话题。

除了吼叫这种表现形式外，冷战、失联、"丧偶式生活"以及将第三者卷入进来，也是矛盾的表现形式。

第一，吼叫

吼叫是如何发生的呢？

第一种，当双方沟通出现分歧的时候，一方想在气势上压倒另一方，占领制高地位，这时的沟通已经不再是沟通，而是变成了争夺战场，失去了原有的意义。

　　这种咄咄逼人的行为通常是因为感觉对方冒犯了自己、不尊重自己，潜意识开启了自我防御和主动攻击模式，想保护自己以避免痛苦。但是，这种痛苦一定会转而施加给对方。这种情况往往是反复沟通无果失去耐心后导致的。

　　另一种则往往是由最普通的一句话引发。可能只是非常平常的一句话，却让对方瞬间爆发怒火，开启攻击模式，让你莫名其妙，认为对方是故意的、别有用心的，这时就糟糕了。

　　这种情况，往往是日常不满和怨气累积叠加后，经由一件导火索引起的最终反抗。

　　这是个美妙的周末，共同经历了顺利的一天后，丈夫杰西正心不在焉地看书，妻子什加丽笑着对他说："亲爱的，你可以把衣服收一下吗？要下雨了。"

　　这么平常的一句话，不知道怎么就触怒了杰西，他突然烦躁地丢下书吼叫起来："天天让我做这个做那个，我都做了，可是你还是说我天天不做家务，总嫌我做得不好，反正我做什么你都不满意是吗？"

　　这样的回应让什加丽惊呆了，完全不知道发生了什么事，她感觉受到了冒犯，也生气了，于是第一时间给自己"披上了铠甲"，一边保护自己，一边迅速还击："你这么说是什么意思，你是对这个家不满意，还是对我不满意？今天你必须给我说清楚！"

杰西简直气坏了："不，是你对我不满意，我做什么你都不满意。"

什加丽更加气恼："是你对我有意见，对我不满，你还不承认。"

这就是一些发生矛盾的夫妻常见的对话模式，外人可能听起来一头雾水，不知道他们到底在表达什么，也有可能他们都不知道自己在表达什么。

从他们的对话和语气来看，杰西可能是之前经常被什加丽埋怨，加上最近公司业绩不好，思考时被打断，便在一瞬间情绪爆发了。

往往都是如此，当一方爆发时，如果另一方反击，双方就会开始吼叫、指责、嘲讽、攻击、羞辱、翻旧账，这件事也会变得非常棘手。

第二，冷战

一般夫妻争吵吼叫过后，事情无论如何都会有个结束，于是大家都按下了暂停键，缩回到自己的空间和领地，开始转为用冷战来惩罚对方，以示自己的清高与尊严。

　　不得不承认，这也是婚姻中最常见的处理争执的方式之一，这种方式与"冷处理"还是有区别的，它和吼叫一样也是一种战争，不过是比谁更冷漠的战争。我觉得冷战比争吵吼叫更伤害人的感情和心理。因为我们都知道，这是一个非常难熬的过程，也是一个能够伤害伴侣并极大程度伤害自己的过程。

　　夫妻同在一个屋檐下，每天都要见面，却拉不下脸主动去解决这件事，都在等着对方忍耐不住了主动低头。这是一个博弈的过程，而且这个过程中，双方都装备了盔甲做出一副紧张防御的姿态，同时还预备了长矛，随时准备攻击。

　　这时候，如果有人愿意先低头道个歉，对方也能真诚地给出一个拥抱，那就相安无事了。但如果一方主动低头，另一方却尖酸嘲讽对方没骨气，或者用冰冷的刺刀回击，这个冷战就得无限延长了。

　　在亲密关系中，冷战比吼叫更伤人，也更伤神。

第三，失联

　　夫妻同在一个屋檐下，冷战期间总会有机会互动，比如为了共同的家庭计划、寻找生活用品、一起照看孩子、共同拜访父母、一起度过假期等，都可能成为破冰的钥匙，但是最怕发生矛盾后一方失联，或双方互相失联。发生这种情形一般有两个原因。

一是将失联作为惩罚的手段。夫妻吵架后，一方关闭联系方式躲起来，故意让对方找不到自己而焦虑担心，独自度过一段恐慌又难熬的时间。要知道，这是非常伤害人的方式，虽然你的失联是短暂的，但是带给对方的伤害却是永久的。因为有些伤口弥合后会留下疤痕，并一直隐隐作痛。

如果你还想维持这段亲密关系，这种方式是非常不可取的。

另一个则是不想再维持这段亲密关系了，想恢复单身生活。这对两个人的感情来说是个糟糕的结局，但是对于个人来说，也许是个令人欣喜的开始。

第四，"丧偶式生活"

这是一种非常无奈的表现形式，可以理解为慢性毒发的过程，漫长而痛苦，消耗人的精力。在这里说的"丧偶式生活"，不是指一方缺乏责任心，从不参与到生活中来，而是原本积极参与，但在发生矛盾后，心灰意冷或赌气甩手不干，故意冷眼旁观。

伊娃与安迪结婚三年，刚刚拥有了第一个孩子，然而两个人都不太适应这种全新的生活方式，照顾婴儿很耗费精力，让原本有格调的二人世界变得琐碎单调，这些都消磨着两个人的耐心，两人的关系就像一根紧崩的弦，好像会一触即断。

后来，一件小事触发了两人累积已久的矛盾。

有一天，伊娃有事急着出门，就让丈夫安迪照顾一会儿宝宝，安迪承诺得好好的。但是一小时后，她匆匆赶回来，发现宝宝的尿不湿已装满并漏了出来，可怜的孩子就躺在尿湿的床上哇哇大哭，而安迪则不在房间内。

伊娃形容那是一个脑子里有原子弹爆炸的瞬间，她简直气炸了，第一时间冲过去抱起了孩子，并大声吼叫着安迪的名字。听到声音后的安迪一脸无辜地从书房钻出来，说只是临时去书房处理了一点工作，并没有想到会这样。

伊娃根本不信，指责他从来不照顾孩子，这就是故意的。

安迪怎么解释，妻子也不听。最后他也恼火了，说："你说我从来不照顾孩子，那就当我从来没照顾过好了，以后我永远不再管了。"

从那以后，安迪不再插手孩子的任何事情，冷眼看着伊娃一个人照顾孩子，哪怕看到她狼狈不堪，也从不伸援手。

第五，让第三者卷入矛盾

夫妻，特别是年轻夫妻产生矛盾时，女性通常喜欢向自己的女性朋友、母亲、姐姐等倾诉，一方面是想在倾诉过程中缓解自己的焦虑情绪，另一方面是想向外界寻求帮助，找到外援帮助自己解惑。

让第三者卷入夫妻二人的矛盾不是明智之举，不仅会将原本简单的事情弄复杂，还会让矛盾升级，一发不可收拾。

如果丈夫知道了这件事，极有可能会认为妻子泄漏了夫妻间的隐私，在自尊上接受不了，还可能会觉得妻子是想拉个外援合伙对付自己。

所以，何苦为之呢？

以上就是夫妻间产生矛盾后最常见的五种表达方式，每一种都是消极的应对办法。其实夫妻在建立感情和婚姻的时候，可以提前就这种情况做个约定：如果我们将来遇到这种情况要怎么处理，我们需要做什么，不能做什么。

如果是结婚很久的夫妻，现在做个约定也不算太晚。

夫妻为什么会吵架

婚姻关系中，一方对另一方的要求，十分容易产生歧义。很多时候，当你对伴侣提出要求时，你的伴侣会将这种要求理解为一种美好的希望，你却认为这是应该严格执行的约定。

晚上十二点半，麦克像往常一样回到家。他轻手轻脚地洗漱完毕，一点左右躺在床上，轻轻地抱住熟睡的艾米丽。艾米丽翻过身，睁开眼。

麦克亲了一下她的额头说："对不起，宝贝，把你吵醒了。"然后拍了拍她的背，"睡吧。"

"我们谈谈好吗？"艾米丽没有像往常一样继续睡，而是从床上坐了起来。

"现在？"麦克看了一下床头的闹钟，"已经一点了，明天再说不行吗？"

艾米丽没有说"好"或者"不好"，只是看着他，并没有要躺下的意思。

麦克见此情形，也郑重其事地坐起来，握住艾米丽的肩膀："怎么了，亲爱的，发生什么事了吗？"

艾米丽说："我想对你提一个要求，可以吗？"

"当然可以，只要我能办到。怎么了，宝贝，你说吧。"麦克担心地看着艾米丽。

"以后晚上十点之前回家，到家之后我们可以聊聊天，然后一起睡觉，好吗？你每天回来都会把我吵醒，其实我很困扰。而且我们已经结婚一年多了，有些生活习惯要做出改变。你觉得呢？"艾米丽说这些话的语气很平和，并没有动怒，只是认真地说出了自己的想法。

麦克抱歉地说："对不起，亲爱的。当然可以，我以后一定十点之前回家。打扰你睡觉了，是我不好，原谅我，好吗？"麦克的保证和道歉都很诚恳，其实他晚上也没什么正事，不过是多年来养成的习惯，和几个单身的朋友一起喝喝啤酒，或者聊聊天、看看球。他甚至没有意识到自己的习惯影响到了妻子的睡眠。既然已经意识到了，就算妻子不提出来，他也应该改变自己的习惯。

艾米丽并不想成为一位严格的妻子，于是双手环住丈夫的脖子，笑着说："如果有特别的安排，或者偶尔和朋友聚会，可以提前和我说，我会同意的。"

两人互相亲吻了一下，相拥而眠。

对于夫妻双方来说，这是一次几近完美的交流。一方表达了诉求，另一方做出回应，双方达成一致。没有争吵和指责，也没有狡辩和推诿，只有包容和谅解。

在那之后的很长一段时间，麦克都如约在晚上十点前回家，有时候八九点钟就回到家了。两人会一起窝在沙发上看电视、聊天，或者不说话，各自看书，晚上一起躺在床上，彼此间的感情更胜从前。

一个周六晚上，已经十点多了，麦克打来电话："亲爱的，我今天晚点儿回去。"说完就挂断了电话。

凌晨一点多，麦克回到家，为了不打扰妻子，他没有进卧室，在客厅的沙发上睡下了。

第二天早晨，他见妻子从卧室出来，于是和她说了声"早安"，却没有得到回应。

艾米丽自顾自地洗漱，做了早餐，没有招呼麦克，自己吃了起来。

麦克不安地来到餐桌旁："怎么了，亲爱的？"他大概猜到是因为自己回来晚了，可是这次他有些不理解了，自己和妻子说了会晚些回来。为了不打扰她睡觉，甚至在沙发上睡了一晚，现在还腰酸背痛。

这就是双方对"要求"的认知差异造成的矛盾。艾米丽提出要求，麦克认为合理，于是同意了这个要求。此时麦克的想法是：我尽量十点前回家，这样会令你高兴，偶尔的意外，只会导致那天没能令你高兴，但你不应该为此生气。对于艾米丽来说，既然说好了十点前回家，你就应该做到，如果有安排可以提前说，我会理解，已经过了约定的时间才知会我，就是对我和我们约定的不尊重。

这实在不是一件值得争执的事，夫妇二人只是因此有些不快。但是，他们都默默给对方贴上了一个标签，艾米丽给麦克贴的标签是"不守约"，麦克给艾米丽贴的标签是"小题大做"。长此以往，一个一个标签贴上去，就会把真实的两个人完全盖住。

夫妻间为什么
会产生厌倦感

　　在参加婚礼的时候，不知你有没有注意到这件事：无论现场有多少宾客，那对即将携手步入婚姻的新人眼中只有彼此。所有的人都能看出他们之间特有的吸引力。

　　可是，在很多结婚多年的夫妇身上，你不仅看不到他们之间的相互吸引，还能明显地感受到彼此之间的厌恶。他们可能并不会直接向对方口出恶言，释放恶意，但是压抑和暗流涌动的阴云始终笼罩在他们的上方。

　　压抑和暗流涌动的婚姻，绝对不会是美好幸福的婚姻。那么，为什么幸福的婚姻看起来如此稀缺？难道婚姻制度与现实生活之间存在难以协调的矛盾？难道美好的婚姻只是无法捕捉的幻觉，还是说现代的生活方式与婚姻制度在本质上是相悖的？我们谴责婚姻时，是在谴责婚姻制度的失败，还是在谴责我们自己的失败？为什么许多人的婚姻成为他们爱情的坟墓？难道从本质上讲，这种现象其实是一种必然的规律？还是说这种常见的现象其实是我们自身的某种内在力量导致的？（我们会发现，这种力量是可以被认识到，甚至是可以避开的，即便如此，它也总是能对我们造成伤害。）

只从表面看这个问题，似乎非常简单：与同一个人长期一起生活，会产生厌倦感。然而，如果这么看待问题，婚姻问题似乎是无解的。感情走向淡漠，激情逐渐冷却是无法避免的。根据这个表象，凡·德·威尔德（Van de Velde）专门写了一本书，探讨如何调整这种婚姻中的不和谐状态。但是他没有意识到，自己处理的只是表面的症状，没有涉及根本。生活单调、岁月流逝，婚姻生活确实会因此失去色彩，但这样的观点其实只是对表面现象的描述。

对于个人而言，感受到那股造成破坏的内在力量并不困难，但是对它进行深入探索，会让人产生严重的不适感。婚姻生活变得不如意，不是单纯地因为生活的负累、时间的流逝，而是隐藏在婚姻关系中那股内在的破坏性力量作用的结果。这股力量潜藏在某处默默地发挥作用，逐渐削弱婚姻的基础。它就像一粒种子，在失望、不信任、敌意的沃土上生根发芽，日益壮大。我们不愿意承认这种力量的存在，尤其不愿意承认自己身上存在这样的破坏力。但是，如果我们发自内心地希望从心理学的角度认识这个问题，那我们必须战胜不适感。

那么，我们就来面对这个基础的心理学问题：对伴侣的厌恶是如何产生的？

首先是一些普遍存在的、源于人类自身局限性的原因。《圣经》中说："我们都是有罪的。"马克·吐温说："我们都是有些疯狂的。"从"科学"的角度描述，我们将人类的这些缺点或局限，总结为神经症。

问题是，我们总觉得自己是例外。没有谁在考虑结婚的时候会想：将来，他最终一定会表现出这样或那样的缺点。事实上，没有例外。夫妻任何一方的不完美，在长期且密切的共同生活中一定会暴露出来。所有的一切最初只是一个小雪球，雪球在山坡上滚动，会越滚越大。

一方面，一个男人如果坚守自己的幻想，那现实会让他吃到苦头；另一方面，他的妻子必然能察觉到他隐藏的痛苦和反叛，并因此感到焦虑，害怕失去他，这种不能释放的焦虑会使她加强对他的要求。如此一来，丈夫会进一步以敏感和防卫姿态应对，结果导致双方剑拔弩张，最终水坝决堤，功亏一篑。到最后，双方都不明白对方的愤怒是从何而来。触发水坝决堤的可能不是什么大事，只是一件微不足道的小事。相较之下，建立在诸如卖淫、调情、友情或者恋爱基础上的短暂关系更简单，更容易避免与对方产生摩擦。

我们只愿意在绝对有必要的前提下竭尽全力，这也是人类普遍具有的一种局限性。拿着"铁饭碗"的员工通常不会付出百分之百的努力，因为他们不像专业人士或普通工人那样，要在竞争中获胜才能保住自己的职位。

跟其他关系相比，婚姻关系存在一种特权：受法律和道德保护。但是从心理学的角度来看，法律对婚姻权利的保证，道德对相守终生、永远忠诚的约束，不是婚姻的助力，反而是婚姻背负的包袱。

目前来说，有一种方法可以在法律、道德的约束和幸福之间架起一座桥梁，那就是我们的心态要朝着放弃对伴侣的要求这个方向调整。要强调的是，这里的要求是实质意义上的要求，不是希望层面的要求。

对爱的神经质需求
和对爱的恐惧

对爱的神经质需求

所谓对爱的神经质需求，通常表现为过分需要被爱、被尊重、被认识、被帮助、被劝告、被支持的感觉，以及当这些需求不能被充分满足时，会对挫折更敏感。

只要没有人为她们奉献、爱她们或以某种方式照顾她们，她们就感到不高兴、不安全、沮丧。那些对结婚愿望失去控制的女性，她们的眼里只有一件事——结婚，就像被催眠了一样，即便她们完全没有恋爱的能力，与异性的关系极其糟糕，也依然会固执于进入婚姻。这样的女性无法发挥她们的创造潜力和才能。

对爱的神经质需求有一个重要特征，那就是永远无法得到满足，通常表现为极端的妒忌："你必须只爱我一个人！"

其表现是，她要获得无条件的爱，她会说"无论我做什么，你都必须爱我"。尤其在心理分析刚开始时，这种表现尤为明显。那时我们也许会产生这样一种印象，病人以挑衅的行为示威，但不是出于敌对的意图，实际上是一种恳求，她想表达的其实是，"即使我表现得可憎，你也愿意接受我吗？"另一个表现是，要求被爱而不必付出，不必奉献，似乎是说，"爱上一个能够给予回报的人很简单，但是让我看看，就算得不到任何回报，你是否仍会爱我。"

对爱的神经质需求的另一个特征是，对拒绝极端敏感。歇斯底里症患者中常出现这种症状，他们将一切都视作拒绝，并以强烈的仇视做出反应。我的一位患者有只猫，他对猫表达友好时，有时候猫不会做出任何回应。正常人都可以理解，这是猫的个性使然，因此不会产生任何不好的情绪。但是有一次，这位患者却因为猫的这个行为，抓起猫朝墙上扔去。这就是一个由拒绝引发愤怒的典型例子。

他们对真正的或想象的拒绝做出的反应，并不总是这样明显。更多的时候他们的愤怒是隐藏式的。在给患者做心理分析的时候，他们隐藏的仇恨可能表现为心理诊疗效果不佳、怀疑心理分析的价值，或以其他形式抵制心理分析。患者产生抵触心理，是因为他拒绝分析师解读他的心理，分析师帮助他了解事实，他却将之解读为批评和侮辱。

我们发现，有些患者坚定不移地相信世间没有爱。这些患者通常在童年时期多次体会过失望，这些失望的经历使他们将生活中的爱、感情和友情彻底抹除，他们自己可能没有意识到这一点。这样的信念同时也是一种保护机制，让他们不必经历真正的拒绝。

我可以举一个例子。我的咨询室里有一尊我女儿的塑像。有一次，一位患者说早就想问我是否喜欢这尊雕像。我说："这尊雕像代表的是我女儿，我当然喜欢。"

我的回答让她大感震惊，因为她从来不相信爱和感情，这些东西对她来说都是些没有意义的空话，但是她自己并没有意识到。这些患者通过先建立起的假设——他们不可能被爱，来保护自己免遭被拒绝的伤害。与此同时，另外一些人则矫枉过正，把真正的拒绝歪曲成对他们的尊重。

最近我接触过三位属于这类情况的患者。一位患者抱着半信半疑的态度申请了一个职位，被告知那个工作不适合他，谁都知道这不过是一种美国式的礼貌性拒绝。这位患者却把这句话理解为，对于这个工作来说自己太过优秀。另外一位患者想象在诊疗结束之后，我会到窗户边看着她离开。后来她承认，她其实特别怕我。说到第三位患者，我必须要强调一下，我尊重我的每一位患者，但是对这位我实在做不到。他说在他的梦里能清楚地感受到我对他的鄙视，然后他有意识地成功说服了自己，认为实际上我非常喜欢他。

如果我们意识到这种对爱的神经质需求有多大，为了被爱、被尊敬，为了让别人对自己友善，得到别人的忠告和帮助，神经质的人愿意接受多少牺牲，会在无理性的行为上走多远，我们必须先找到另一个问题的答案，为什么对他来说得到这些如此困难？

他自己需求的爱太多，又不能成功地得到那么多。一个原因是他对爱的需求本身就是无法满足的，对于他来说怎样都不够。如果我们深入分析就会发现另一个原因，神经质的人没有爱的能力。

神经质的人一般做不到自愿奉献，因为他曾经遭受过不友好的对待，在早期就习得了焦虑，并抱有许多潜在和公开的敌意。这些敌意在发展过程中不断增加，但是出于恐惧，他一次又一次地压抑自己的敌意。结果，由于恐惧和敌意，他无法做到自我奉献，以及自我牺牲。由于同样的原因，他不能真正为别人着想，几乎不考虑另一个人能付出或想付出多少爱、时间和帮助。所以，如果某人想要单独待一会儿，对其他目标、在其他人身上花点儿时间或投入点儿兴趣，他就会将对方的这些行为视为伤害性的拒绝。

神经质的人一般意识不到自己无法去爱，不知道自己没有爱的能力。但是，意识是有程度之分的，有些神经质患者也会坦白地说，"不，我不能爱。"

更普遍的是神经质患者生活在错觉之中，认为自己是个大情圣，有特别强的奉献精神，他向我们保证，"对我来说，帮助别人太容易了，帮助自己反而做不到。"但是他偶尔的付出并不是出于关心他人，而是有意识、有目的的。可能是因为他渴望得到某项权力，或认为除非对别人有用否则将不被别人接受。

有些神经质患者天生具有根深蒂固的压抑本能，有意识地不去为自己渴求什么，也不会去追求幸福。由于以上提到的原因，神经质患者偶尔能为别人做一两件好事。这一事实加上他对自身渴望的禁锢，加强了他的错觉，以为自己有爱的能力，以为自己确实在深爱着别人。他抱住这种自我欺骗不放，因为他的这种理解会使自己对爱的要求合理化。如果他意识到自己其实基本上不关心他人，他就没有理由去要求从别人那儿得到那么多爱。

至此我们已经发现了两个原因：一是他的需求永远无法被满足，二是缺乏爱的能力。最后一个原因则是对拒绝的巨大恐惧。这种恐惧大到能阻止他通过问题，甚或友好的手势，去靠近别人，因为他一直生活在别人会拒绝自己的恐惧之中。由于害怕被拒绝，他甚至不敢送出礼物。

正如我们所看到的，真正的或想象的拒绝使这类神经质患者产生了强烈的敌对心理。对拒绝的恐惧和对拒绝的敌对反应使他越来越退缩。在不太严重的病例中，友善或者友情有可能在短时间内改善神经质患者的症状。但是，相对严重的神经质患者不能接受任何程度的人性的温暖，我们可以把他们比作双手被绑在背后的挨饿的人，他们确信自己不能被爱——不可动摇地确信。

对爱的恐惧

另外，他们可能会格外强调爱和性不能混为一谈。一位女患者曾经告诉我："对于性，不管是什么，我都不恐惧，但我极害怕爱。"哪怕只是说出"爱"这个字，对于她来说都不是一件容易的事。她竭尽全力与人保持内心的距离。进入性关系，达到全方位的性高潮，这些都很容易。但是她会在情感上与异性保持相当的距离，谈论异性的时候，就像买汽车时那样，不带情感，只是客观评价。

对爱的任何形式的恐惧，都值得详细讨论。从本质上来讲，这些人用完全封闭自己的方式来保护自己，抵抗生活给他们带来的巨大恐惧以及他们最根本的焦虑，通过自我克制的方式来保持安全感。

对爱的恐惧有一部分是出于对依赖的恐惧。这些人实际上很依赖他人的感情，就像呼吸需要氧气一样。进入令人困扰的依赖关系时，确实存在很大风险。他们害怕任何形式的依赖，因为他们相信其他人对他们是有敌意的。

我们经常会观察到这样一个现象：同样一个人，在生活的某个阶段完全依赖于他人，到了另一阶段却开始极力避免对他人产生依赖。

有一个年轻女孩，在开始心理分析治疗之前，有过几次恋爱经验，每次都以极度的失望告终。失恋的时候，她会非常不快乐，陷入痛苦之中，觉得自己没有那个男人就活不下去，好像失去他整个生活都没有意义了。实际上，她与这些男人完全没有关系了，并且对他们中的任何人都没有真正的感情。

有过几次这样的经历之后，她的态度180度大转弯，开始极力扼杀任何可能发展成依赖关系的情感苗头。为了避免这方面的危险，她把自己的感情完全封闭起来，现在只想把男人掌握在股掌之中。对一个人有感觉，或者表现出自己的感觉，被她视作弱点，应该遭到鄙视。

付出与回报
并不总是天平的两端

结婚前，我们更关注双方是否有坚实的感情基础；结婚后，我们会发现，其实婚姻关系中充满了奉献与索取。

走进一家餐厅，这里的人各有身份。客人们付出金钱，得到食物和服务；服务员付出劳动，得到薪水；经营者付出资本和心力，得到利润。服务员给我们端来食物时，我们会附上一句"谢谢"；对方收到我们的付款时，也会说声"谢谢"。这些都是理所应当的事。

婚姻当然不是一家餐厅，也不是所有的东西都明码标价，只要补上一句"谢谢"，就能和谐共处。那么，我们该如何看待婚姻中的付出与回报呢？

　　婚姻中的付出与回报不能追求绝对的公平。付出一分必须得到一分，我们先不说这种想法正确与否，只说这种想法是否具备可行性。我们可以设想几个简单的例子：

　　有些奉行公平主义的夫妻，希望我做一餐饭，你也要做一餐饭，或者我做饭，你就要洗碗。可是，真正实践起来就会发现，我做披萨，你做三明治，不是同等的付出；你只是煎个牛排，却让我洗油腻的锅具，这不公平……

　　最终我们会发现，在婚姻中追求这样的公平是不具备可行性的，而且是毫无感情可言的。

　　如果你注意观察就会发现，有些人在婚姻中一直扮演付出的角色，但是他依然能体验到婚姻的幸福；有的人什么都不用做，每天都能收到伴侣的礼物和无微不至的关爱，却觉得婚姻乏味至极，一点也不快乐。

　　如此说来，婚姻中的付出与回报会不会是一个完全不值得讨论的话题？婚姻的质量是否与之完全无关？还是说，只要有一方甘愿付出，另一方只需理所当然地享受即可？

　　当然不是。婚姻中的付出与回报也是要追求公平的，只不过是心理层面，或者说是精神层面的公平。只有觉得自己的付出是值得的，他才能获得幸福感、满足感，并愿意继续付出。

温蒂是一位全职太太，家中大小事务全部需要她来处理。每天早晨她会早早起床，先把丈夫本杰明当天要穿的衣服摆在床边的椅子上，再去做早餐，然后叫一家大小起床。送走上学的孩子、上班的丈夫之后，温蒂自己忙碌的一天才刚刚开始。

本杰明的工作需要经常出差，家中事务因此无法顾及，出差回来后因为旅途劳累，在家也是以休息和陪伴孩子玩乐为主。

从表面上看，这就是在婚姻中付出不均衡的典型案例。但是温蒂和本杰明的婚姻生活十分幸福。

本杰明每次出差回来，都会给温蒂带一件小礼物。就算当地实在没什么值得买的，或者因为太过忙碌无暇购物，他也会在进家门之前买上一束玫瑰。虽然已经结婚十几年，但是每次离别之后的重逢，二人都会相拥热吻。若是出差的时间长了，本杰明还会邮寄一张明信片，表达对温蒂的思念。他会说酒店洗衣房洗的衣服不像温蒂洗的衣服那样留有芳香，看到了新奇的景观希望温蒂也在身边，约定与她一起来这里度假……

温蒂一周的劳累与本杰明的一束玫瑰或一件小礼物是对等的吗？如果从价值的角度看当然是不对等的，但是从心理的角度看，也许是对等的。

温蒂出于对丈夫和家庭的爱，同样也出于对家务的兴趣，觉得能通过做全职太太体现自己的价值。一束玫瑰表达了丈夫对自己的爱和思念，另一方面也体现了丈夫对她价值的认可，以及对她付出的感恩。

丈夫本杰明负责家庭的财务，有空余时间就尽可能地陪伴孩子，而温蒂负责各种杂务，照顾家人日常起居，这是双方在十几年的婚姻中达成的共识。

在结婚纪念日，或者温蒂的生日，本杰明会带着孩子们揽下所有家务，让温蒂彻底放松。温蒂怀孕、生孩子的时候，本杰明也征求了妻子的意见，或者请岳父母来帮忙照顾其他孩子，或者请保姆帮忙。他从来不认为那些事是妻子应该做的，他会观察妻子是否疲惫，关心妻子是否快乐。

那些打着平等旗号、反对女性做全职主妇的人，才是真正否定全职主妇价值的人。有些人，其中也包括男性（由于男女差异，以及社会因素，男性相对较少），更能从做家务中而不是传统意义上的工作中找到自己的价值。对这些人真正的尊重，不是劝他们"独立"，而是认可他们的价值。由此产生的财务不独立，是需要社会和法律去解决的另外问题。强迫所有擅长家务、喜爱家务的人，都去找一份传统意义上的工作，实际上是本末倒置。

我们要做的应该是引导，甚至谴责那些认为"全职太太＝什么都不做"的丈夫们（也可能是妻子们）。

男女平等的口号响彻全球之后，女性可选择的职业较之前大幅增加，职业女性的比例越来越高。可是，由此也产生了很大一批要兼顾家务和工作的女性。还是有人会因为女性不洗衣煮饭、不照顾孩子，而批评她没有尽"妻子的本分"。另一方面，一个男人如果在工作的同时，帮妻子分担家务，就会成为人们口中的"完美好丈夫"。

因此，婚姻中的付出与回报，从社会和旁人的角度很难得出公允的评断，它是纯粹的婚姻内部的、夫妻之间的感受。

世界上的夫妻并不是全都像温蒂和本杰明一样相互理解。如果一方觉得自己在婚姻中付出的与得到的不平等怎么办？

当一个人觉得自己的付出与回报不平等时，就无法心甘情愿地继续付出。不仅是在婚姻关系中如此，在工作甚至学习中也是如此。比如，整个学期都认真听历史课，课余时间也向历史课倾斜，认真预习、复习，结果历史成绩竟是倒数第一，恐怕很少有人会在下个学期继续坚持，对历史的热情肯定也会因此大幅降低。

　　如果你觉得自己在婚姻中付出的多，得到的少，实际情况可能并非如此，事实真相可能是：

1. 确实是你付出的多，对方付出的少。
2. 双方付出相对均衡，但是你只看到了自己的付出，忽视了对方的付出。
3. 对方的付出大于你的付出，你只强调自己的付出，不将对方的付出视作付出。
4. 双方都付出很少，或不甘愿付出。

　　如果你已经有了付出多得到少的感觉，那只会认定真相是1，很难发现后面的三个真相。但是，很难并不代表不能。你可以找一个时间，静下心来，完全代入伴侣的角色，以他的角度思考一下，他为你们的婚姻付出了什么，从中得到了什么。也许你会发现，你每天都要做早饭，而他晚上时常要加班，尽管回家很晚了，也会帮孩子装好第二天手工课上要用的飞机模型，这些事从来不需要你去操心。

如果你无法做到这一点，可以请熟悉你们生活的家人或朋友，客观地评价一下你们二人对家庭的付出。旁人的评价虽然不能完全作数，但是能帮你发现自己看不见的盲点。如果能寻求专业人士的帮助当然更好，专业的分析师能从你们的言谈中，发现你们婚姻中的问题，然后有的放矢地提出问题，帮你们做出专业的判断。

如果我们通过某些途径发现了上面的真相，我们该如何做出调整呢？

1. 确实是你付出的多，对方付出的少。

你为此感到不平衡，觉得自己的付出没有得到相应的回报，进而怀疑对方的爱。如果你选择自己也像对方一样，少付出一些，那么你们的婚姻关系就会向失败的方向发展，即便你的伴侣十分粗线条，完全感知不到你的付出在减少，最后的结果依旧会如此。

如果你希望自己的婚姻向好的方向发展，此时你需要祭出"沟通"这件法宝。不要在你觉得不满时（例如，你正忙得脱不开手，对方却在沙发上躺着）沟通，这时你无法实现有效沟通，只会愤怒地抱怨（你可能会极力克制自己的愤怒，但是对方依然能感觉到你是在抱怨）。

　　你需要专门找个时间，最好是出去，脱离家庭环境。例如相约在咖啡馆喝下午茶，或者牵着手去海边散步时。为什么非要脱离家庭环境呢？或许你想在家里和丈夫喝着茶，谈谈心。但你可能会发现，茶要你来准备，事后也要你来收拾，转头看见你刚才让他收拾的衣服还堆在沙发上。这一定不会是一个好的开始。

　　沟通的时候说出自己的苦恼，给对方理解和解释的时间，让对方表达出对你这些苦恼的感受；明确地告诉对方，你需要他承担什么，在哪方面需要尽可能多地付出，如果能询问对方"我让你做这些，你会有什么困难吗"就更好了，这样可以在很大程度上避免对方因为愧疚被迫答应你的要求，如果他答应了，日后却做不到，你们的关系会因此进一步恶化。

　　你提出要求，对方同意并照做，这当然是最好的结果。如果对方表示时间（或精力）有限，或者就是不愿意，因此不能答应你的要求，请不要气急败坏，问他愿意为你们的婚姻多付出些什么。如果他无法给出明确答案，那就告诉他你的辛苦和心中的不平衡，罗列出你不愿意做却勉力在做的事，让他知道，你的很多付出也是在百忙之中抽出时间在做。

　　只要双方都希望婚姻继续下去，你们一定能通过正确的沟通找到有效的解决办法。另外，沟通虽然是万能的解决方案，但是也不能急于求成。想通过一次沟通彻底解决问题并不现实，最好能循序渐进、分步骤进行。需要强调的是，在借助沟通解决问题的过程中，你要放低自己的期待，并把对方每一次微小的改变看在眼里，将其看作是你们沟通的成果，以及他对你的爱。

2. 双方付出相对均衡，但是你只看到了自己的付出，忽视了对方的付出。

这种时候，你需要知道为什么会出现这种情况，是因为自己过于以自我为中心，还是因为自己把更多心思放到了其他地方（例如孩子身上，或者攀比心理，"别人的丈夫××××，自己的丈夫却从来不××××"）。

这种情况同样说明你的婚姻关系中存在很大危机。你真正的伴侣在你眼中消失了。你看不到对方的付出，就表明他的付出无法从你这里得到反馈。你不会因为他做了某件事，对他释放爱意，久而久之，他的付出就像挥向空气的拳头。

也许他还会出于责任继续为家庭付出，但是你们之间的联动，以及彼此间的情感牵绊会逐渐消失。婚姻关系中的情感就像齿轮上的润滑剂，虽然你们可能因为生活的交叉、共同的责任，依然咬合得很紧，但是每一次转动都会造成磨损。对于两个关系紧密的人来说，这种磨损一定是痛苦的，结果也必然像磨损的齿轮一样，先是频出差错，久而久之再也无法咬合到一起。

3. 对方的付出大于你的付出，你只强调自己的付出，不将对方的付出视作付出。

如果一个人对爱的需求是神经质的，那么无论对方如何付出，都不会使他感到满足。

当一个人一直在竭尽全力地付出，对方却无法得到满足，甚至看不见他的付出，付出的一方终有一日会觉得这段婚姻使他疲惫不堪，从而产生放弃的念头。

你无法看到对方的付出可能存在两个原因，一是对方的付出不是你想要的，二是你没有将对方视作与你平等的另一半。

如果对方的付出不是你想要的，或者不是你需要的，至少你还能感觉到对方的关心和爱。这时候，你不妨推心置腹地将自己的需求告诉对方，以此减少磨合的时间，以及有可能产生的误会。当他得知你的需求，并开始认真地满足你时，哪怕只是一件小事，也要在他面前把你的欣喜和感谢表现出来，这对他来说将会是莫大的鼓励。久而久之，你一定能从他的付出和奉献中，感受到更多的温暖和幸福。他也会因为能让你感到满足，更甘愿付出。

还有一种情况是，其实对方付出很多，且很关注你的需求，但是你不将他的付出视作付出，你认为身为丈夫（或妻子）做这些都是应该的。这是因为你不认为他与你是平等的。我们知道，在主仆关系中，无论仆人怎样服侍主人，主人都觉得理所应当，也无须向仆人付出。与主仆关系不同的是，在婚姻关系中，你要有所付出，因此你会格外注意自己的付出，却将对方的大量付出视若无物。

造成这种结果的原因有很多，也许是因为他在追求你的时候就是如此，你们将这种习惯带入了婚姻关系中。在恋爱时，你们没有肩负共同的责任，你可能完全不需要付出，因此心理上不会觉得不平衡。可是步入婚姻之后，你们肩负的共同责任使你一定也会有所付出，这时候你就会觉得委屈。

那么怎样才能看到对方的付出呢？首先要将对方视作一个与自己平等的人，夫妻关系不是主仆关系，对方不是出于利己目的的所有行为，都是对你们婚姻的付出。

例如，对方下班提着买好的菜进门，不要将他的这种行为理解为顺路而已，因为即便是顺路，他也可以不买，反而落得手里轻松。他买了，你就省去了这项麻烦，这就是一种付出。

这只是一个简单的例子。

家里的电灯坏了，丈夫把它修好，很多妻子想的是：他不修谁修，难道我修？这本来就是男人的事。或者妻子每周把床单洗得干干净净，在某些丈夫看来：我又不觉得脏，是她爱干净，非要换得这么勤。

对方为了你们能共同生活在明亮、整洁的环境中做了工作，如果你不将这些行为视作对方的付出，无须多想，那一定是你的问题。

平等地看待对方，多留心对方的所作所为，如果你仍然觉得对方整天忙忙碌碌，却没有为家庭付出，那不妨参考上面的标准，看看是不是你忽视了对方的大量付出。

4. 双方都付出很少，或不甘愿付出。

很多在结婚前得到父母充分照顾的年轻夫妇，自己组建家庭之后，通常会遇到这种情况。

这是因为他们还没有完全摆脱对原生家庭的依赖，无意识地认为，所有问题都应该有人解决，但这个人肯定不是自己。

时间可能会帮助部分年轻夫妇解决这个问题，他们会在相处的过程中意识到，有些责任是需要自己去肩负的。

如果时间无能为力，这个问题就会成为引发冲突的根源，到最后彼此都会将对方视为"不负责任的人"。

怎样才能迅速成长为一个"负责任的人"？

其实你只要想想自己结婚时的誓言就可以了。你们发誓将生命交与彼此，相约一起埋葬，那么谁该洗碗还是问题吗？

如果你们确实想履行自己的誓言，真的想相伴一生，那就应该从"不计较"开始。没有做好分工的时候，你自己先做起来，对方会受你的感染，迅速融入婚姻中的角色，开始肩负自己的责任。

正如你担心的那样，一旦做了某些事，就得做一辈子，对方会像国王（女王）一样永远什么都不做，那么问题不出在你一开始就主动肩负起责任这件事上。你应该担心你们的爱情、你们的婚姻是不是本来就有问题。

如果你确定你们是相爱的，彼此真诚地想要携手走完一生，那我向你保证，如果你率先肩负起责任，你一定不会后悔，你会对你的付出甘之如饴，你也一定能从对方那里收获到满满的爱的回馈以及无私的奉献。

婚姻不是法庭，婚姻关系中的付出与回报不是天平的两端。

　　婚姻关系中的付出更像是神圣的、宗教式的献祭。人类向神献祭一头牲畜，神降下一片甘霖，没有人会认为，神降下的甘霖与那头牲畜是等价的。向神献祭，给出的是我们的心意、敬意、诚意。虽然你的伴侣是有形的人，但婚姻是无形的，如神一般的存在。

　　无论是有需要的时候不去索取，压抑心中的委屈，累积愤怒，还是自己付出了，就以"付出者"的姿态自居，都是对神圣婚姻的亵渎。

由爱生恨

　　罗马神话中爱神丘比特的形象与其他神完全不同，他是一个长着翅膀、光着身子的顽皮小孩，他射出的金箭无人能防，就连众神之王朱庇特也不例外。他要把手中的箭射向谁，全凭自己的心意。这像极了爱情，难以捉摸，又无力抵抗。

　　《罗密欧与朱丽叶》的故事中，两家的世仇不能阻止他们相爱，外界的压力使他们爱得更深。出现干扰双方恋爱关系的外在力量时，恋爱双方的情感会更强烈，恋爱关系更加牢固。这种现象源于人们普遍的逆反心理，当我们面临得不到或失去的威胁时，我们会更加渴望得到，并不知辛劳地为之加倍努力。这个心理现象似乎在告诉我们：困境是"爱情"的催化剂。

　　《罗密欧与朱丽叶》中经典的爱情悲剧桥段，是两人双双殉情。然而，现实中这类爱情的结局，往往比戏剧还要悲惨。

　　侧重婚姻咨询的心理分析师几乎全都遇到过类似的案例。我不想从千篇一律的案例中随意挑选一个，告诉你朱丽叶和罗密欧结婚之后，也可能争吵不休，我想讲述一个更残酷的故事。

　　丹妮艾尔·乔纳森自幼家庭环境优渥，她在母亲的熏陶下，从小就是自律上进的优等生，不仅学习成绩优秀，还曾代表学校参加过体操大赛。在母亲的眼中，她是一个连青春期都不曾叛逆过的孩子，这个完美的全优生就这样一路读到了顶尖大学的研究生。父母认为自己的女儿长相甜美，各方面的条件都那么优秀，只要她能在同学之中找个对象，谈上几年恋爱，结婚生子，她就能完美地走过这一生。

　　研究生二年级的上半年，为了课题丹妮艾尔要去英国做半年交换生。半年之后，她不仅回来了，还带回了一个叫卡米勒的年轻人。丹妮艾尔对父母说，他们要马上结婚，帮卡米勒拿到美国绿卡。

　　丹妮艾尔的父母其实已经参加过几次女儿儿时朋友的婚礼，女儿如果没读研究生，现在结婚也算正常。让他们震惊的是，卡米勒甚至不是英国人，两人也不是丹妮艾尔在英国的学校认识的，而是在卡米勒打工的餐厅中偶然相识的。

　　乔纳森夫妇想尽量冷静地处理女儿的第一次叛逆。他们提出，可以帮助卡米勒申请工作签证，其他事情等丹妮艾尔研究生毕业之后再谈也不迟。

丹妮艾尔却表示："完全没有必要。反正我们是要结婚的，现在结婚，很轻松就能帮卡米勒拿到绿卡，而且并不影响自己的学业。"

乔纳森夫妇见温和引导不成，开始坚决反对女儿马上结婚，同时请她的亲戚、朋友甚至学校的导师一起规劝她放弃马上结婚的念头。另一方面，夫妇二人都是行动派，在很短时间内就帮卡米勒安排了工作，只是出于私心，工作地点在另一个城市。

他们怎么也没想到，一向乖巧的女儿出手更果断。在没有告知他们的情况下，果断办理退学，与卡米勒结婚，搬到了卡米勒所在的城市。

乔纳森夫妇气得与女儿断绝了来往，直到第二个外孙出生两年后，一家人才重新开始联络。

再见面的时候，看到女儿的生活，乔纳森夫妇既欣慰又愧疚。卡米勒如今是一家餐厅的老板，而且餐厅已经开了两个分店，还在继续扩张。女儿虽然没能读完研究生，但是并没有白白浪费自己的聪明才智，不仅把两个孩子养育得很好，还帮助丈夫经营餐厅，同时在杂志上写专栏文章，与读者分享自己在育儿和家庭方面的经验。

　　就在乔纳森夫妇为女儿感到骄傲，反思自己不该过度干涉成年子女的决定时，一则骇人听闻的社会新闻传到他们耳朵里，把他们的晚年生活彻底打入了地狱：他们的女儿杀死女婿和孩子，在潜逃出境的时候被捕了。

　　丹妮艾尔被捕之后很长时间一句话也不说，以至于警方不得不找来精神科医生给她做精神评估。

　　丹妮艾尔从被捕到入狱，一直不肯见自己的父母，也不接受他们请的律师。

　　这一切的原委，乔纳森夫妇是从报纸上得知的：

　　自幼便是全优生的丹妮艾尔，一直以来的生活堪称完美，只有研究生没有毕业和因为结婚与父母闹翻这两个瑕疵。后来她用自己的努力向父母和世人证明，那两件事不是她的瑕疵，只不过是生活道路上的转折，她婚后的工作和生活依然完美。直到她的丈夫卡米勒向她提出离婚，要分走她的家产，回自己原来的国家发展。

　　这个在杂志上分享自己成功经验的女人，无法接受这样的打击，与丈夫连番争吵。直至最后一次，激动之下开枪打死了两个孩子和丈夫。而她准备潜逃的目的地，正是他们相识的英国。

　　丹妮艾尔到底在婚姻中经历了什么？让那样一个积极向

上、努力生活、追求完美的人，在短时间内变成了杀夫杀子的疯子。

抛开她最后的疯狂不谈，无论从哪个阶段来看，丹妮艾尔都是高于平均群体的优秀之人。说得直白点，两个人的不相配已经到了连傻子都能看出来的程度。他们恋爱的时候，所谓的外部反对力量不只是他们的父母，还包括从他们相识之初就有的、所有觉得他们不相配的目光——同学的、老师的，甚至街边路人的，所有的反对都在刺激丹妮艾尔的叛逆心理。

卡米勒当然有吸引丹妮艾尔的地方，可能是对她的体贴，对于一个身处陌生国度的女生来说，这种体贴会格外打动人心；可能是对他勇敢追求向往生活的欣赏，卡米勒出生的国家并不发达，他只身一人，到一个与他们的文化完全不同的先进国家闯荡，虽然只是做餐厅服务员，依然让人钦佩。

但是当他们真的论及婚姻时，对于丹妮艾尔来说，恐怕更像是一个能证明自己足够强大的挑战。包括他们结婚之后，丹妮艾尔兼顾家庭、事业，都是挑战的延续。她就像小时候一样，一次又一次挑战成功，考出好成绩、得奖。

当别人为丹妮艾尔放弃学业，放弃大好前途感到惋惜时，丹妮艾尔并没有那样觉得。

另一方面，卡米勒一开始被丹妮艾尔这样的女生吸引，几乎是理所当然的。他们步入婚姻之后，他也努力地为家庭付出，在经济上为丹妮艾尔赢得了本该属于她那个阶层享受的生活。他觉得这样就够了，不必再拖着沉重的包袱生活，一家人该享受更多休闲度假的时光，儿女们大可不必在蜜糖一样的生活里吃苦，非要学这学那。

两个人一起克服了结婚时的阻挠、创业时的困难之后，彼此间反而开始出现矛盾。卡米勒渐渐发现，两个人的步调并不相同，未来的方向也不相同。生活中的冲突变得越来越多，彼此间的争吵也成了家常便饭，卡米勒勇敢地走出自己闭塞的家乡，并不是想过这样的生活。于是他想做出改变。可是对于丹妮艾尔来说，这只是她婚姻中的一道难题，她只要努力把陷入迷思的丈夫带出这个旋涡，一切就可以继续按照她的计划，按部就班地向前挺进了。

但她没有想到丈夫那么坚决，竟然开始出售餐厅，给儿女办理签证手续。当事情开始失控的时候，她的精神也开始失控，悲剧就这样发生了……

丹妮艾尔和卡米勒在婚姻中做错了什么吗？貌似双方都没有做错，还都做得很优秀，没有人出轨，没有人好吃懒做不承担责任。可是彼此间的爱情怎么会突然消失，瞬间转化成吞噬一切的仇恨了呢？

由爱生恨的后果太可怕，仇恨的生长速度以及它壮大之后的力量太过惊人，我们有必要针对这个话题，展开更深入的讨论。

爱情与仇恨，是世间最激烈的两种情感，它们彼此对立，却时常相生。

那么，到底什么是爱情，什么是仇恨？怎样才能保证爱情永不变质，不埋下仇恨的种子？

通俗来讲，爱是希望对方过得好，对方越好，自己越觉得幸福；恨是希望对方过得不好，对方过得越不好，自己越开心。

仇恨是一种极其强烈的敌意，十分容易产生不计后果的、报复性的冲动。弗洛伊德将仇恨和仇恨衍生出的攻击性视作人类的某种天性。

梅兰妮·克莱茵[1]对人的攻击性进行了更深入细致的研究，她从对婴儿的观察中分析得出假设：在早期生命体验中，婴儿能体验到包括饥饿感在内的一系列疼痛。婴儿在他有限的想象

---

1 梅兰妮·克莱茵（Melanie Klein，1882—1960），奥地利精神分析学家，儿童精神分析研究的先驱。著有《羡慕与感激》《一个儿童的分析过程》等。

和经验中，幻想有一个坏乳房在饥饿时不提供食物，让自己承受痛苦，坏乳房让婴儿体会到被剥夺、被迫害、被攻击，因而把内在的痛苦投射为来自坏乳房的迫害，通过仇恨与供给幻想与之保持连接。

实际上，并不存在这样一个坏乳房，乳房可能只是没有奶水，或者乳房的主人并没有注意到婴儿的需求。也就是说，仇恨往往是思维受限，甚至是歪曲现实的产物。

另外，产生仇恨有两个条件，一个条件是有被剥夺或被攻击的痛苦体验，这是一种主观的感受，很可能没有真正的施加方。另一个条件是有投射仇恨的对象，也就是想要施以报复的对象。这里也要注意，由于前面提到的思维受限和歪曲现实，主体想要报复的对象不一定是给他施加痛苦的人，而且仇恨的对象甚至可以是自己。如果觉得这一点很难理解，可以回想一下前面提到的"完美母亲"丹妮艾尔向自己的孩子开枪，以及患者或患者家属伤害救治自己或自己家人的医生。

那么，怎样才能化解仇恨呢？当被仇恨的人开始接受痛苦，哀悼自己失去的东西时，仇恨就能消解。这话说起来容易，真正发生的时候，很可能是以毁坏和杀戮的形式完成的。

仇恨者会陷入心理层面的负面循环，最终不是伤害他人，就是折磨甚至伤害自己。只有解除他心理上的循环才能帮他摆脱仇恨的控制。首先是要让他学会对自己宽容；其次是引导他把自己经受的痛苦和失去当成人生的磨砺；最后，也是最重要的一个环节，让他看到未来的美好。曾经的痛苦和失去无论多么深刻，也只是人生中的一个阶段，如果无法放弃仇恨，它就会侵蚀仇恨者的整个人生。

理解了爱情和仇恨之后，我们再来看看由爱生恨是怎么发生的。

首先，"爱"本身就埋藏着仇恨的种子，比如嫉妒、占有。当爱的美好不再拥有压倒性的力量时，就会形成爱的"战场"。当爱情不如自己所愿时，例如被分手，爱的战场上就会硝烟四起。

爱的时候是无意识的，没有理智，不计得失地对对方好，哪怕自己饿着，也要让对方吃好；哪怕刮风下雨，也要去见她。一旦遭遇背叛，或者浓情转淡，所有的付出都开始量化，变成"我为你付出这么多，你却不知感恩。"或者"你竟然让我花两个小时，给你送一顿饭，这合理吗？"与此同时，对方的付出会被完全忽视，曾经的优点也会变成缺点，关心体贴会变成爱管闲事、太黏人，思想独立会变成太过自我，诸如此类。

当一个人开始计较得失时，只会得出一个结论：自己付出的多，得到的少。如此，日后的每一点付出，都会成为压向仇恨的筹码。可悲的是，很少有人能让天平就此悬住。或者说，即使他已经不再付出爱了，他心中的天平还是会不断倾斜，他会不断地追溯过往，搜罗出更多的筹码放上去，不断放大自己的付出。

最后的结果就是心理严重失衡，觉得"曾经的爱人，变成了只会占自己便宜的卑鄙小人"。

爱与被爱本来是件非常甜蜜的事情，但由爱生恨的过程充满了痛苦和纠结。

正视爱情的无常，正视自己的付出和所得，才能消解对曾经爱人的恨意。如果自己无法做到，那就要有意识地向他人求助，寻求专业人士的帮助。

如何正确地处理矛盾

　　既然我们已经知道，所有的婚姻都存在问题，或者终将出现问题，那么我们需要考虑的便只有"如何解决婚姻中的问题"这一件事了。无数经验告诉我们，婚姻中的问题不能通过告诫来解决。让他肩负起责任，让他放弃错误的执着，或者让他无限自由，都不会使婚姻中的问题消失。我们应该做的是，思考一下哪些导致伴侣厌恶的因素可以避免，哪些矛盾可以缓和，哪些可以克服。不和谐的婚姻并非无药可救，过分的不和谐其实是可以避免的，至少在强度上是可以减轻的。

　　婚前，双方稳定的感情是良好婚姻的基础。希望自己的人生无须努力，想要的总是能像礼物一样如期而至，这是人性的一部分。但是两性间的完美关系很可能是一种无法实现的理想。我们内心总有一些矛盾的愿望，我们要认识到这一点，学会接受，将它视作人类本性的一部分。这样我们就会明白，在婚姻关系中，想要满足自己的全部愿望是不可能的。

但是，美好幸福的婚姻是值得向往的，我们可以在现实和理想之间、限制和本能之间找到相对的平衡。真正威胁婚姻的不是我们要被迫接受伴侣的缺点，而是我们矛盾的贪欲，什么都不想放弃，我们总是会在生活中表示或暗示出自己的种种要求。我们必须学会放弃，这样才能在某个特定的方面获得满足。

在探讨"婚姻中的付出与回报"时，我们已经总结出了一些处理婚姻问题的方法。在这里我想总结一下婚姻关系中的常见问题，与大家一起找出相应的解决办法。

婚姻中最常见的问题包括：

1. 执着于争辩对错。

2. 执着于被理解。

3. 执着于对方做出改变。

你可能已经注意到，我在三个问题的前面都加上了"执着于"这样的限定描述，这是因为适度的"争辩""被理解"，以及希望"对方做出改变"，是人们正常的心理需求，只有过分执着才会导致问题发生。

很多闹到不可开交，甚至认真考虑离婚的夫妻，他们的关系走到这一步并不是因为什么原则性的问题。

我的一对朋友只是因为参加聚会迟到了几分钟，便闹到了分居的地步。两个人互相责怪，认为迟到是对方的原因，丈夫说是因为妻子临行前非要重新挑选衣服，导致出门晚了；妻子则认为，虽然出门的时间比原定的稍晚了些，但是留给路上的时间绰绰有余，是丈夫非要走一条不熟悉的路，结果遇到路面施工，不得不重新走回原来的路，耽搁了时间导致迟到。

两人互不相让，最后争辩已经偏离主题，开始互相指责对方"虚荣""自大"，从而上升到对人格的攻击。妻子不愿意再与那个"自大"的、认为自己"虚荣"的丈夫相处下去，愤而离家出走。

诸如此类的例子不胜枚举。遇到这样的问题要怎样处理呢？难道要像处理社会问题那样，让一位权威的婚姻问题"法官"来给他们做出判决吗？我想，在此类案件中"不服判决"的比例可能会远远高于一般的民事案件。

其实解决问题的方法很简单，只需在指责对方时，默默地问自己两个问题："这个问题真的重要吗？""继续纠缠于此，会促进还是伤害我们的感情？"如果答案是否定的，你自然会主动走出"非要与对方争个高低对错"的怪圈。其实这样的问答，就是分辨自身需求的过程：你需要的是和谐的关系，还是无论如何都要获胜。如果你能更进一步，主动认领自己的责任——"我真不该临出门还要重新挑选衣服"，对方也会遵循你的思维模式，认领自己的责任——"路上的时间是够的，我要是不走那条路也不会迟到"。

"你怎么一点也不理解我呢？"这是很多夫妻经常会抱怨的一句话。丈夫抱怨妻子不理解自己工作辛苦，妻子抱怨丈夫不理解自己的感受……造成这种现象的原因有很多，我在这里想要强调的是，两性的心理需求、思维方式、社会分工、性别角色等方面存在本质的不同，期待伴侣完全理解自己是一种不可能实现的痴心妄想。没有一位男性体验过经期的感受，那么你怎么能期待丈夫理解自己莫名的情绪起落呢？

有过这种抱怨的夫妻，通常还会有一个共同的感受：我的伴侣理解别人，却不理解我。这有可能是事实，也可能只是假象。如果这是事实，很可能是因为你的伴侣更理解的那个"别人"更善于表达自己的感受，从而获得了理解；如果是假象，则意味着你对"被理解"的需求过于强烈，超出了正常的范围。

因此，解决这个问题的方法就是：表达自己的感受，反思自己"被理解"的需求是否过分。适当地放弃过分的要求，由此引发的矛盾自然会相应降低或消失。

没有人不希望自己的伴侣变得更优秀。而且，在婚姻关系中共同进步，是实现婚姻幸福的重要途径。那么要求伴侣做出改变，何错之有呢？

需要指出的是，在人际关系中，当一个人提出要求时，他会自然地处在一个"主导"的或者说"领导"的地位。这就意味着你首先要做出"表率"，当你希望对方做出改变，改善家庭经济状况时，你要率先为实现该目标做出改变，付出努力。另外，支持、鼓励与认可也是必不可少的。

可是，过分的期待等同于否定。当你期待自己的伴侣变成一个完全不一样的人时，就相当于告诉对方我爱的不是你，是另外一个人。此时，与其继续强迫对方做出改变，不如反思一下自己对伴侣的要求是否合理。

婚姻中的孤独感

Marriage Psychology

想要自己更加幸福，

就要不停地去寻找新的目标，

保持生活中的新鲜感。

很多时候，夫妻关系归于平淡，

是因为两个人没有共同的目标，

缺乏共同的梦想，

也没有精神支柱和转移矛盾的办法。

夫妻之间不信任的真相

　　就像亲子关系一样，我们倾向于认为，爱是男女关系的坚实基础，而敌意属于偶发事故，是可以避免的。虽然社会上"性别之战""性别间的敌意"之类的口号随处可见，但是我们必须承认，这些口号对改善两性关系没什么实际意义，只会使我们的观点出现偏颇。实际上，很多案例会让我们得出这样的结论：爱很容易被或明或暗的敌意摧毁。

　　导致男女关系不和谐的诸多个人因素之间，或许存在一定的相关性。在情感关系中，总是频繁或定期出现不和谐的状况，是不是因为个案中的不和谐源于相同的背景？另外，这种轻易而频繁出现的两性间的怀疑，是否具有相同的性征？

　　很多时候，你对一个人产生怀疑，其实与对方无关，而是自我感觉过于强烈，以及难以抑制这种强烈的自我感觉导致的。

我们知道，或者说能模糊地感觉到，强烈的自我感会让人陷入一种痴迷、失控、无力的状态，就像跳入无边无际的大海，这也从侧面解释了为什么真正的感情如此难得。就像成功的商人一样，我们不愿意把所有的鸡蛋放在一个篮子里，宁愿有所保留，随时准备撤退。

另外，出于自我保护的本能，我们都自然地害怕因为另一个人而失去自我。

没有人会埋怨自己付出的少，但会把对方付出的少当作一种缺陷，产生"你从未真正爱过我"的感觉。妻子会因为丈夫没有把所有的情感、时间和注意力全都放在自己身上而感到失望。她不会注意到自己通过言行态度释放出了多少敌意。她会觉得自己心中满满的爱被辜负，因此感到绝望，同时强烈地觉得对方不够爱自己。即使是厌恶女性的斯特林堡[1]，有时也会辩解说："我不恨女人，是女人恨我、折磨我。"

斯特林堡对女性的偏见与他的身世及生活经历有关。他的父亲卡尔·奥斯卡·斯特林堡（Carl Oscar Strindberg）是一位没落的贵族绅士，母亲是出身低微的女佣。在当时等级森严的

---

[1] 斯特林堡（Strindberg，1849—1912），瑞典作家、戏剧家，被大众认为有厌女症。代表作包括小说《红色房间》《女仆的儿子》《海姆斯岛上的居民》等，剧作有《被放逐者》《朱丽小姐》《鬼魂奏鸣曲》等。

瑞典，斯特林堡的出生对他们的家庭来说是一个负担，因此他得不到家庭的温暖。他的母亲在他13岁时去世，父亲后来娶女管家为妻，时常受到屈辱、歧视和冷落而变得敏感、反叛的斯特林堡，又开始遭受继母的虐待。种种不公平的待遇，在斯特林堡的心中埋下了仇恨女性的种子。斯特林堡结了三次婚，每次都是从短暂的幸福开始，最后全以痛苦的互相折磨告终。

他那短暂的幸福是通过与妻子建立信任获得的，而他与妻子间的相互折磨正是彼此信任崩塌的产物。

任何向对方释放敌意的人，都可能在某种程度上忽视了自己释放的敌意。这必然导致情感关系中的不信任。注意我用的词是"不信任"，而不是"仇恨"。因为不信任更符合经验事实，彼此仇恨并不普遍，相互之间的不信任却随处可见。

在正常的情感生活中，失望和不信任几乎无法避免。进一步探索其中的缘由，会发现这样一个事实：强烈的爱情激起了我们隐藏的全部希望和对幸福的渴望，这些期望和渴望可能在我们内心深处隐藏得极深，甚至在平时处于休眠的状态。

这些渴望是全方位的，而且很多时候是相互矛盾的：我们爱的对象应该十分强壮，能为我们提供保护，同时又应该十分弱小，需要我们的呵护；他要有控制欲，同时要甘愿被我们控制；他是禁欲的，不会被任何人引诱，同时对我们热烈而充满激情；他要对我们无比专注，同时能全心全意投入创造性的工作。这些愿望注定不能全部实现，不能实现的愿望就成了失望的源头。我们在某种程度上还是能应对失望的，有时甚至不会意识到已经累积了多少失望，就像我们没有意识到自己有多少矛盾的期望一样。即便如此，这些失望还是会留下痕迹，一点一点凝聚成不信任。这就像小时候我们都相信父亲是万能的，但是有一天我们发现他并不能为我们摘下天上的星星，后来我们又发现他不能轻松举起所有的重物……在不知不觉间我们不再觉得父亲是个什么都能做到的超人。

婚姻中的谎言

信任的崩塌总是伴随着谎言。

大部分人看到"谎言"二字，都会忙不迭地给它贴上"拒绝"的标签，郑重地宣告："我的婚姻中容不下谎言！"如果你正处在婚姻关系中，不要想自己的伴侣，想想自己，是否真的没有撒过一句谎？

谎言就像细菌一样，几乎无处不在，同样像细菌一样，存在有害菌，也存在有益菌。

所有情到深处的情侣都会说"我会永远爱你"，这是一句典型的谎言，谁能为未来担保呢？可是，当时的你或他并没有撒谎，你们发自内心地觉得：我们的爱如此之深，以至于时间也无法将它耗尽。这可如何是好呢？

你可以在情感上相信它，在理智上怀疑它。这种相信和怀疑，不只是针对伴侣的誓约，也是针对你的。你要知道，自己的山盟海誓，同样不可靠。

以下类型的谎言尤其应该引起我们的重视。这里的重视，并不是要消灭它或者敌视它，而是明确它是不值得相信的谎言，尽管说出这些话时可能是真诚的，或者是出自善意的。

誓约式的谎言

在结婚前，对方可能会给你描绘一幅美丽的图景：每天为你按摩，和你一起周游世界，永远不会让你掉眼泪，诸如此类。

如果你把这些话当成约定，那将来你的爱人一定会成为一个不守信的骗子。因为这些"规划"是完全脱离现实的，是恋爱时人人都会说的"鬼话"。沉浸在当时的氛围中，享受一下憧憬的乐趣就够了。日后哪怕他为你按摩一次，也要感恩他这一次的付出，不要当作他在兑现承诺，只是理所当然地接受。

时刻警醒自己，永远不要在恋爱和婚姻中失去自我。大多数男性天生有一种想要将自己所爱的女人变成自己附属品的心理倾向，会无意识地削弱女性的生存能力。我当然不否认，那些行为也是爱的表现。但是，女性在享受丈夫全方位的照顾时，除了享受和感激外，不要停止提升自己的能力。你的能力可以确保你不会成为他的负担，没有人会因为你的能力而嫌弃你，你照样可以在他面前表现得柔弱需要保护，更重要的是，你的能力能保证你在爱情消失的时候，不必委曲求全，不会失去全部生活。

赞美式的谎言

"你是全世界最美的！""你一点也不胖！""没有你办不到的！"这样的谎言是让人振作，给人自信的良药。如果你正在消沉中，那么就欣然接受这些赞美吧。

如果在正常生活中，时刻把这些话当真，则会带来很多负面效果。明明自己确实因为不节制饮食，缺乏运动，身体日渐肥胖，却把对方用来安慰你的"你一点也不胖"当作真话，继续往日不好的生活习惯，那早晚有一天，你会胖到对方再怎么爱你，也说不出这种话的程度。这时候最好接受对方的好意，但是选择相信体重秤。

如果在工作中遇到挫折，被上司批评，你去找伴侣诉苦，贴心的伴侣一定会说："不要管别人怎么说，你是最棒的！"接受这句鼓励可以找回自信。但是，不要就此打住，你要反思自己的不足。不要把爱人的鼓励当作对自己的评价，应该当作自己的目标。

　　另外，当你的爱人意志消沉或遭遇挫折时，你也可以用这些赞美鼓励他。但是，不要一味地用这些谎言掩盖他的缺点，当他心绪平复时，尽量客观地帮他认清自己的不足和失误，帮他改掉缺点，完善不足。这也是帮他抵御诋毁，消除外部压力最有效的手段。

善意的谎言

　　自己明明已经很累了，但是对方兴致勃勃地想要看电影，怎么办呢？只能说自己不累，这当然是出于善意，有意地撒了谎。这类谎言的初衷是不想让对方担心，不想扫对方的兴致。面对这类谎言，要理解对方的善意，否则也可能造成严重的冲突。另一方面，要让对方知道你是可以被信赖的，有能力接受事实真相（前提是你真的有接受真相的能力）。

　　这种谎言偶尔为之，可以增加生活的情趣，让对方感受到你的呵护。但是并不建议频繁地撒善意的谎言，否则这些谎言就会成为自己的负担，最终也会导致双方失去信任。你完全可以向对方坦白自己的疲惫，生活、工作中的不如意，请求对方的体谅。此时，爱你的他会让你感受到家庭的温暖，让你体会到安全感，这些都会成为你前进的动力，同时也是你消除压力的良药，是引导你不至于走向崩溃的安全锁。如果你真的希望婚姻稳固长久，请相信他，相信你们的爱情。

掩盖式的谎言

这种类型的谎言是婚姻中应该尽量避免的。出于掩盖真相撒的谎，无论最后是否被揭穿，都会成为破坏婚姻稳定性的种子。掩盖真相是因为你对自己的伴侣不信任。

你担心因为自己的财务问题对方会离开你，这不是出于对伴侣的爱，是出于对你们关系的不信任，以及想把对方绑在身边的自私。即便你幸运地渡过了难关，你的不信任和自私也会成为威胁你们婚姻关系的无形剑。

情感上的欺骗

这里我没有用"谎言"，而是直接用了"欺骗"二字。明明已经爱上了别人，却不向伴侣说明，以欺骗的方式让对方继续在婚姻中付出，这种行为在法律和道德的层面都是不被接受的。

　　你可能会强调"爱情是难以控制的"，"结了婚，却遇到了更让我动心的人，我也没办法"，这全是借口。如果你不是一直开着搜索的雷达，就不会有人走进那个让你心动的圈子。已婚人士应该在周围筑起围墙，围墙内是双方共同守护的地方。如果你让别人走进来，那绝对不是没有办法的事，而是你想尽办法蒙骗了自己的伴侣。你可以想象一座监狱，不可能有一位犯人无意识地溜达到外面去，他肯定一直在筹划越狱，想办法混过狱警的看守。监狱的例子是为了帮你分辨有意还是无意，并不是说婚姻是囚禁夫妻双方的监狱，你的伴侣也不是狱警。

　　因此，情感上的欺骗是不可以被轻易原谅的。除非你能确定，对方的搜索雷达确实已经彻底关闭，不再有重启的可能，否则，出轨有一次就有无数次。

厌倦、出轨、离婚的
发展过程

当我们提到婚姻时，脑海中总是会出现两条并行的铁轨，铁轨上行驶的列车就像两个人的婚姻，沿着轨道驶向远方。可惜这只是一个美好的想象，现实中的婚姻并不总是能沿着固定的轨道前进。

我们前面提到过，现代婚姻是一种一对一的关系。这里的一对一，指的是情感关系的排他性，以及性关系的排他性。

一开始，夫妻之间一定是彼此吸引的，一方会偏离婚姻的轨道，要么是因为在婚姻之外发现了更吸引他的目标，要么是因为彼此间的吸引力减弱甚至消失了。阿尔弗雷德·阿德勒说："当夫妻关系中的一方对另一方缺乏兴趣时，就意味着这个人不再平等地看待伴侣，不能再友好地与他合作，不想再去充实对方的生活了。"他认为，一方对另一方还有兴趣，只是肉体的吸引力消失了，这种情况是不存在的。头脑会说谎，嘴巴会说谎，但是身体机能不会说谎。

从心理学的角度来讲，人都具有猎奇性。随着时间的推移，与伴侣变得越发熟悉，再也无法从对方身上体验到猎奇的感受。自己的伴侣成了囊中的猎物，眼睛会自然而然地开始搜索新的猎物。这种简单的比喻，看似有几分道理，但是实际上它描述的并不是婚姻关系，即便你们结为夫妻，对方也不应是任你摆布的囊中之物。如果你始终把对方看作一个"自由"的个体，他就能永远满足你的猎奇心理。今日的他与昨日的他不同，他成为你的丈夫（妻子），成为孩子的父亲（母亲），这种身份的转变，甚至他脸上新增的每一条皱纹，都会让你觉得新鲜无比。

换个角度来说，步入婚姻之后，并不意味着你无须再释放自己的吸引力了。如果你的目标不单单是找个人结婚，而是获得一段幸福的婚姻，进入婚姻之后你仍然不能停止成长的脚步。

我们前面提到过，男性一定会将对母亲的态度带入婚姻关系中；同样的道理，女性也一定会将对父亲的态度带入婚姻关系中。父母对子女不仅意味着安全和保护，也意味着控制和束缚，因此婚姻关系中几乎不可避免地会存在一种想要出逃的力量。要想弱化这种力量，就要尽量淡化夫妻双方身上父亲和母亲的角色，尽力维持平等的关系。有些人总觉得自己的另一半离开自己的"管束"和"指导"，就无法好好地生活。可是你有没有想过，在你们还不相识以及初识的时候，你并没有涉足他的生活，他不仅没有过得一团糟，甚至过得相当好，以至于赢得了你的心。

夫妻双方不是上下级关系，而是合作关系，如果一方总是想操纵另一方，被操纵的一方就会想要摆脱。

当一个人在婚姻中长期得不到满足时，就会产生从外面获得满足的想法，无论是性方面还是精神方面都是如此。性的满足并不单单指性生活方面，很多结婚多年的夫妻甚至已经不再将自己的伴侣视作异性，结婚之后丈夫不再给妻子送礼物，妻子再也不像从前那样总是需要丈夫的"力量"。这只是两个简单的例子，并不代表婚后丈夫一定要一直给妻子送礼物，妻子要一直装柔弱，而是告诫丈夫（妻子），当你不能再让妻子（丈夫）觉得自己还是个女人（男人）的时候，当一个能够重新唤醒对方性别意识的人出现时，你们的婚姻很可能会面临偏离轨道的风险。

另外，人们总是高度赞扬母性伟大的同时，时常贬低母亲的工作。事实的确如此，且可以推而广之。人们赞扬母亲的牺牲和奉献，却认为她们洗衣煮饭的工作没有吸引力，没有太大的价值。一个母亲不能因为她做了母亲的工作而获得相应的尊重或回报，即便那个家庭是那样依赖她。我们将母亲这个身份换作妻子、丈夫，也是如此。人们总是赞美抽象的概念，而去忽略甚至贬低身边那个真实的人。

如果一个人的价值一直得不到认可，或者说得不到正确的评价，他一定会想逃离现在的关系。如果你觉得这种解释过于抽象，那可以把自己想象成一个员工。

老板要为一个职位招聘一个勤劳肯干，有创意、有责任心的员工。你去了之后，胜任了这个职位的所有工作，可是你没有得到老板的正面评价和承诺的奖金，这时你是不是会自然而然地产生换一家公司的想法呢。

当你发现自己的婚姻开始偏离轨道，怒气冲冲地指责对方不会带来任何好处时，需要重新确认你们的目标是否依然一致，如果答案是肯定的，那冷静地分析其中的原因，有针对性地解决其中的问题，你依然能获得幸福的婚姻；如果答案是否定的，而你单方面仍想拥有幸福的婚姻，死抱着与你的目的地已经不一致的伴侣，只会让你离幸福的婚姻越来越远。

　　我们当然希望所有的婚姻都能幸福地持续下去，但是对于那些婚姻关系已经明显成为负累，甚至可能转化为危险的人，我们必须勇敢地鼓励他，帮他摆脱失败的婚姻。

　　"我不想有一段失败的婚姻。"这是这类人常会说的一句话。可是谁也不会将成功的婚姻定义为：没有爱情，相互折磨，但是两个人一直持续到了最后。

　　如果你正处在这样的阶段，那请你检视自己的婚姻，是不是明明已经到了无法挽回的程度，你却仍要继续沉溺其中。如果是，那请明确地告诉自己：我的婚姻已经失败了。如果依然下不了决心，也不要浪费太多时间去纠结或纠缠对方，每天都对自己说几遍这句话，坐在桌子前面，郑重其事地写下来。

　　如果你心里想的是"可婚姻对我来说太重要了"，那么找一本外科手术的教材，把生坏疽的章节摆在面前，好好读一读。如果不及时切除，坏疽的部位会越来越大，现在切掉小腿，觉得无法割舍，再拖就要切整条腿，甚至危及生命。

　　这样的比喻，或者说是恫吓，可能会帮助一些人勇敢地摆脱婚姻，挽救自己的生活。其实，真正走出失败婚姻的人，往往会发现，自己根本没有做过任何截肢手术，只是剥掉一层裹在身上的污泥，反而会感受到前所未有的轻松、自在。

　　但是，有些人听到那样的描述会更加退缩，宁愿让病魔将自己折磨死，也不愿意进手术室。

这时候，婚姻自由同样适用，谁也不能强迫他去离婚。但作为关心他的朋友或家人，可以让他暂时远离婚姻生活。顺着他的思路，告诉他：也许你的婚姻还有一线希望，但是你们得做出一些改变。这句话会成为他们的救命稻草，大部分人都会选择抓住婚姻。想办法让双方暂时分开，让他们在婚姻的名义下，开始尝试新的生活。通过这种方式，帮他们消除对离婚的恐惧。

"我结婚的时候，就没有想过要离婚。"此时的海伦和刚结婚的时候比，已经判若两人。以前的她是那么光彩照人；现在的她，眉间有三道深深的皱纹，那不是岁月留下的横纹，是她总是皱眉留下的竖纹。

海伦的丈夫杰夫已经和一个名叫劳拉的女人在一起三年多了。杰夫没有提出离婚，但是隔三岔五地不回家，也很少照顾家庭。

海伦也去找过那个叫劳拉的女人，劝她离开自己的丈夫，她却说："我哪里也不去，你应该管好自己的丈夫，而不是来管我。"海伦心想："劳拉确实是个年轻漂亮的女孩，但是她不会永远年轻，杰夫早晚会对她失去新鲜感。"

为了挽回丈夫的心，海伦想尽了各种办法。她做丰盛的大餐，杰夫虽然会在家吃饭，但吃完还是会去找劳拉。她买了从来没有穿过的性感内衣，杰夫对她确实燃起了兴趣，可是这并不能浇灭他对劳拉的兴趣。

无奈之下，她把这件事告诉了杰夫的父母。杰夫的父母和自己的儿子谈过之后，对海伦说："我们和他谈过了，他已经被那个女人迷住了。海伦，你是个好孩子，你不应该过这样的生活。你应该主动提出离婚，重新去寻找自己的幸福。"

即便杰夫的父母这样说了，海伦还是不想放弃自己的婚姻。她不想再花心思去寻找另一个人，去熟悉另一个人，去适应另一个人。她担心付出所有努力找到一个适合自己的人之后，那个人无法和自己的两个孩子好好相处。她只希望自己的丈夫回心转意。

无论身边的亲戚、朋友怎样规劝，海伦就是不肯提出离婚。她还在执迷于从劳拉那里把丈夫抢回来，结果她得到了什么呢？一次又一次的失望、一次又一次的伤害，就算这样，她竟然还没有对这段婚姻绝望。

身边的几位朋友实在看不下去了，商量之后，他们制订了一个计划。

他们让与杰夫关系最好的凯特打头阵："海伦，我觉得你现在的做法不对。你应该换个方法。你知道约翰为什么离不开我吗？"

往常，朋友劝海伦放手，她是不会听的。这次听凯特这么说，海伦一下来了兴致："你怎么做到的？"

凯特按照大家商量的对策，对海伦说："我让他觉得，离开他，我一样能活得很好。你从来没有让杰夫感觉他会失去你，所以他才不珍惜。"

海伦叹了口气，说出了开头那句话，紧接着补了一句："他确实不会失去我。"

凯特说："你可以不和他离婚，但是你不能让他知道。你要让他看到，没有他你也可以过得很好，让他看到也有其他男人会喜欢你，这样他才能再次看到你的好，他才知道离开你是他的损失。你索性让他先搬出去，和那个女人天天见面，他们一定会更快厌烦彼此。"

海伦对自己的婚姻已经无能为力，有朋友愿意帮她挽救婚姻，便照做了。

她请丈夫搬出去和劳拉住，开始与丈夫正式分居。朋友们带她打开了新的社交圈，第一天不适应，第二天不适应，久而久之，海伦发现，没有杰夫的生活竟然如此轻松。孩子们周末时和爸爸在一起，杰夫因为一周没和孩子们见面，反而对他们更热情，更有耐心。他们的感情虽然没有恢复，但是两个人可以心平气和地交流有关孩子的事了。更重要的是，她新结识了一位异性朋友，那是一个会夸奖她漂亮，愿意听她说话，喜欢带她的孩子们去野餐，能让她哈哈大笑的人。

半年之后，海伦向丈夫提出了离婚。他们办好离婚手续后，互相拥抱了一下。杰夫说了句："对不起，我希望你能幸福。"这是他背叛婚姻之后，第一次对海伦说"对不起"。海伦等这三个字等了这么多年，现在听到了，却没什么感觉，原来这并不是她想要的，原来离婚没什么大不了。

请你一定要记住，经历过一段失败的婚姻，并不代表你就此丧失追求幸福婚姻的权利。尽快摆脱它，勇敢地面对新生活，你才能迎接真正的幸福。

当工作成为
你们之间的"第三者"

　　肖恩是在婚后第五年决定辞职创业的，这个时候他与莉莉的女儿刚好三岁，两人也积累了一些资金，在一个特别好的机会面前，他做了创业的决定。

　　这就意味着，莉莉必须辞掉自己的工作成为全职太太，为他做好后勤保障，特别是照顾好年幼的女儿。对于这一决定，莉莉是欣然愿意的，肖恩也非常感激她。

　　最开始的时候起步很难，肖恩需要将全部的心思都放在工作上，非常辛苦。莉莉能看到他的努力，尽可能在生活上多关照他，保证他在需要自己的时候，做他坚强的后盾，也保证即使在自己和女儿需要他的时候，也不打扰他。

　　这就意味着，莉莉在家庭生活中是"丧偶式"的，是孤立无援的。

后来公司渐渐起步，业务好了起来，肖恩依旧没有将目光放回家庭，因为随着业务增加，公司当然越来越忙，他也回来得越来越晚。

有时候为了节省通勤时间，肖恩干脆加班后就在公司里休息，几天都不回来。每次回来，也只是狼吞虎咽地吃东西，冲个澡，拿上换洗衣服就又走了。

莉莉觉得，这个家原来就像肖恩的酒店，他只是早出晚归回来休息一下，现在这个家连酒店也不如了。

要知道，一个人承担所有的家庭责任，还要独自照顾年幼的孩子，这是非常煎熬的过程。加上与社会脱离，时间一长，埋怨、痛苦、消极是必然的。

为了改变夫妻二人的关系和目前这种无奈的状况，莉莉做了一个决定，想用更加温柔、温顺的方式对待肖恩，希望他可以看得见自己的付出，从而对自己和孩子关注得更多。

于是莉莉往公司打电话的次数更多了，也常常做好营养餐带着孩子送到公司。她还拼命地给肖恩买衣服和手表，将他打扮得更加时尚，每次在电视上看见他都是神采奕奕。

但是这些付出并没有得到回报，肖恩像根本没有看见这一切一样，从未对她表示过感谢，回家的时间越来越少。更为可怕的是莉莉发现，偶尔肖恩回家坐下来时，他们两个人根本没有共同话题，或者没说两句，肖恩不是有些不耐烦不愿意听，就是接到电话又走了。

默默忍受了两年后，莉莉快要忍不住了。

有一次，肖恩又回家拿换洗衣服，莉莉直接将他堵在了门口，声泪俱下地冲他咆哮："你还知道回来？你还知道这是你的家？你知道这些年我为你付出了多少吗？"

这些天，肖恩为了攻克一个新的技术，带着研发人员在机房忙碌了五天五夜，饿了吃外卖，困了就睡在机房的沙发上，弄得灰头土脸，疲惫不堪。好不容易抽个空想回来洗个澡，拿点换洗衣服，结果进门就遇到了这种情形，他根本摸不着头脑，一脸无辜地问："亲爱的，发生了什么事吗？"

这一句话彻底惹怒了莉莉，认为肖恩就是故意装的，一场战争就此引爆了，从最开始的一方全方位指责，另一方觉得莫名其妙，变成了后来的相互指责。

说到底还是立场的不同，肖恩认为自己为了这个家庭能够更好，选择了艰苦的创业，为了妻子和女儿，忍受客户的冷漠和高傲，艰苦地攻克着各项技术，受尽了委屈且呕心沥血。但妻子只是在家带带孩子而已，这么轻松还故意找事。

莉莉则认为，我全心全意支持你的工作，自己累死累活带孩子，你从来不管不顾，还对我这么冷漠，而且越来越过分，很久都不回家，也不知道到底在外边做什么。

这样，问题就出来了。上面是两个人愤怒的原因，我们再来看看两个人的诉求：

莉莉希望肖恩可以更多地关注家庭，看得见自己的付出，并心存感谢。

肖恩希望莉莉可以继续默默付出，为他做好后勤保障工作，让他专心工作。

两个人的出发点简单又纯粹，没有掺杂任何其他不良因素。从表面来看，错误的好像是肖恩，他做了不恰当的事，而且持续时间比较长，给莉莉造成了伤害，让她忍无可忍。但其实莉莉也有做得不恰当的地方。下边我们就来看看在这件事中两个人都有哪些失误。

首先，二人在家庭中的分工一开始很明确，男主外，女主内，双方自愿达成协议，互相配合。

有些人对这种分工有误解，他们认为"男主外"就是男性除了工作外，完全不过问家中的事；"女主内"是指女性只需关注家庭，不用关心丈夫每天在忙什么。

这样的看法过于绝对，不适合用在婚姻中。

也就是说，肖恩的过错在于他认为自己在外面为家庭努力付出，关注家庭内部的事可有可无。但是，如果丈夫一两年都不关注家庭，这些努力其实是没有意义的：给了家人稳定优渥的经济生活，但在情感上忽略她们，把照顾家庭的重担转移在妻子一个人身上，缺席了孩子的成长和教育，这不算真正意义的付出，是非常严重的失误。

而莉莉的错误在于她觉察到丈夫越来越冷落家庭后，仍然没有和肖恩沟通。她从不抱怨，一爆发就采用大吼大叫的方式指责，并且不给对方辩解与沟通的机会，事情就这样变得更加糟糕了。

给莉莉的话

首先请你明白，女性全职照顾家庭，并不意味着彻底与社会脱节，也并不是指彻底不过问丈夫在做什么，特别是丈夫独自在外经营着属于你们的夫妻婚内共同财产的时候，拥有一半股权的你，应该时时知道创业的进展、收益以及面临的困难。

如果你的丈夫某个阶段特别忙，甚至几天不回家，你应该了解他在忙什么，在哪里睡觉。

过去我们认为女性默默付出是优良传统，但是，我们的付出要让对方知道，让对方看见，特别是我们在意这一点的时候。孩子这么小，你一个人一定经历和承受了很多，为什么不让孩子的父亲知道呢？为什么不向他寻求帮助呢？他再忙再累，也应该抽出时间履行丈夫和父亲的职责。

莉莉，当你开始心里有了怨言，意识到这样不对的时候，就该直接对丈夫提出你的想法。你得约一个时间进行正式的沟通，告诉他你一个人搞不定这些事，需要他的帮助，你也需要他的陪伴。

如果羞于当面说出口，你也可以给他写一封信，表达自己心里的想法和规划。如果对方知道了，依旧拒绝，那么你可以表达自己的失望、愤怒，必要的时候可以采取一些小小的手段。

如果你产生了情绪，有了抗拒和怨气，千万不要选择在对方加班疲惫不堪、明显看着很累的时候宣泄，也不要将他堵在门口大吼大叫，这个时候就放过他吧，只要他不是花天酒地后回来。

肖恩需要明白几个基本的道理

1. 任何人都不可以为了工作而不履行家庭职责，或是让另一半伤心。

2. 工作再忙，也不可能完全没有时间照顾家庭，这中间涉及到取舍的问题，钱永远挣不完，但是缺席了家庭生活，错过了孩子的成长，却永远弥补不了。

3. 不需要妻子来告诉你，你就应当理解，女性独自照顾孩子、家庭，还要做你的后勤保障，不是在家享福，这是比你的工作更苦更累的全职工作，而且没有报酬，失去个人空间，是一种牺牲奉献，应该得到赞扬、尊重、重视和加倍回报。

4. 不需要妻子告诉你，你也应该观察到她的不同：她对你愈发殷勤了，也许是心中有了怨气；她开始冷落了你，也许是需要你的更多关注和爱。

5. 当妻子的情绪突然毫无征兆地崩溃，你应该意识到发生了重大的事情，此时你的首要任务是安抚她和解决问题，而不是辩解和指责。

两人应该怎么解决这一危机呢？

如果还想维持亲密关系，就必须共同解决面临的问题。这时候，请抛却掺杂进来的其他因素，找一个不错的环境，冷静地坐下来，讨论这件糟糕的事。

双方可以平静地陈述自己的想法、需求，告诉对方为什么会这样，这件事是怎么发生的，你希望对方怎么做。

另外，一定要对之前的事做一个正式的道歉，并为将来可能再遇到的各种状况，约定好下次再发生危机的时候，应该如何处理。

不是不爱，
是爱得不够专注

恋爱和新婚时，夫妻总是喜欢腻在一起，连出门买菜或倒垃圾都是手拉手；一方出差，另一方也可能会飞过去陪着；下班的时候，妻子总是突然出现在丈夫公司楼下，两人手挽手买菜回家，一起做饭、一起看电视；周末喝茶聊天总有说不完的话题；丈夫常常会从背后变出一束花或一份礼物，让妻子开心不已。

随着时间推移，日子渐渐变得平淡无趣。你已经不记得两个人有多久没有一起吃早餐、一起旅游了，连原来每天早上都要亲吻一下说的"亲爱的，我去上班了"这种亲密话也不再说了。

下班后，丈夫也不再像以前那样积极地回家了，总是无休止地加班，或者干脆在楼下车里待着听音乐。

　　渐渐地，他开始学会撒点小谎了，开始注重打扮自己，口袋里也有了莫名其妙的小票，你不知道他和谁去了音乐会或酒吧。

　　你们性生活的次数开始减少，质量也一次不如一次，他总说自己很累，但是你发现他和别人在一起聊天的时候又是那么神采奕奕；他开始迷恋无聊的钓鱼；他不再关注你，不知道你换了新发型，甚至不知道你今天感冒了；你们的生活中不再有鲜花和礼物，他连纪念日和你的生日都忘记了；他不再和你有说不完的话，你说什么他都充耳不闻或者敷衍了事，而他也不再和你说任何关于他的事，当你问起的时候，总是拒绝回答。

　　是你们不相爱了吗？不！

　　只是你们的爱情没有了最初的激情和新鲜感。也就是说，他对你的爱不是减少了，只是不够专注了。

　　婚姻中的激情是一种专注力。新婚时，他的目光和焦点只在你的身上，他的眼里只有你，他对你的爱是唯一且专注的，甚至忽略了其他的东西。他全部的时间和精力都放在你的身上，而你也是一样，这就造成了两个人高度黏合，什么事情总是一起参与，他总能发现你细微的变化，照顾到你的方方面面。

　　只是随着时间推移，两个人失去了最初的新鲜感，也不再过多关注对方的需求了。开始忙碌各自的工作，生活重复琐碎，外在压力又过大，很多因素的影响下，你们变成了仅有一点婚姻联系的独立个体，专注力就被分散了。

　　这种情况下，就会让人觉得爱流失了，或不复存在了，其实并没有！

　　那么，要想另一半更多地关注你，就需要你把流失的关注力抢夺回来，而抢夺关注力的过程，就是一个"争宠"的过程，需要具备几个小小的技巧：

1. 不要过分透支激情，生活是细水长流且平淡的，两个人不可能永远维持在激情的巅峰状态或长期维持在较高峰值，如果跌落下来，这种落差会让人接受不了。

2. 偶尔一起做一些新的事情，焕发激情，让对方能够重新关注你。

3. 告诉对方你的需求，让他知道他对你很重要，你希望得到他的关注，唤醒他对婚姻的责任感、忠诚感和对你的爱意，将精力重新集中在你的身上。

　　一般能够做到以上几点，婚姻基本上就不会变得平淡无趣，也不太会让你感觉到爱不在了，可以长期持续维持亲密的关系。

　　当然，这也是保持幸福的秘诀。

共同的目标
是婚姻的保鲜剂

如何获得幸福感

你们知道吗？人体里有一种可以引发幸福感的元素，叫多巴胺。这种物质有一个神奇之处，那就是人在幻想某种事情的时候会比较快乐。比如说，我们在准备购买东西的时候，比实际购买这件东西的时候更加兴奋。换句话说就是"在实现目标的路上，比实现了目标更加开心"，也可以理解为，幻想即将发生的幸福，比实际得到幸福感觉更强烈。

如果夫妻能够一块体验这个实现目标的过程，将是保持两性亲密和婚姻激情的良药。

让我们来听听费安娜的故事。

费安娜和丈夫艾森伯格已经结婚十几年了，唯一的儿子上了中学，日常住校。现在，狭窄的房子里只剩下这对怨偶，一起过着琐碎平淡的日子。

日子过得越来越没趣，两个人的矛盾越来越大，最后简直无法在同一个屋檐下生活，走到了濒临分手的绝境。家人和朋友都努力调解过，但没有任何作用。

一起携手走过了半辈子的他们，原本很相爱，但是不知道为什么，就是越来越无法忍受对方，没有办法继续一起生活下去。

就在他们准备办理离婚手续的时候，突然出现了一个特别好的机会。他们共同的朋友要移民，想将自己的豪华别墅低价转让。价格的确低于市场价很多，虽然对于他们二人来说，仍然是一笔巨款，但也不是无法实现。

当听到这个消息，他们立刻有了共识，这是非常棒的一次机会。

于是，分居了快一年的他们决定买下这个大房子，作为将来养老之用。那么，他们就需要一起解决经济问题：不仅要卖掉现在居住的小房子，还必须向双方的家人各自筹借一笔巨款。

可以说，这是他们婚后遇见的最大挑战。但是他们决定去做，并且立刻开始行动起来。接下来的日子，他们一起去找中介把旧房子挂出去，各自去找家人朋友筹款，一切准备到位后，又一起手拉手去谈装修，看新家具。这是一个让人热血沸腾且充满幸福感的过程，自然而然地，他们又恢复了往日的激情，开始惺惺相惜，不再相互埋怨。

他们的爱情在购买别墅的过程中一步步升温，终于携手渡过了这个难关，彼此都特别有成就感，也感激对方。

在搬进新房子的那天，他们再次拥抱在了一起。要知道，距离上一次拥抱，已经三年了。

如何持续获得幸福

也许你们会担心，在实现共同的目标之后，会不会有强烈的失落感呢？会不会在实现这个目标之后，过不了多久又重新失去了激情？解决这个问题的办法其实很简单。

人生是个漫长的过程，我的建议是在这个目标实现后，再积极寻找下一个共同目标，如果再次实现了，就接着继续找下一个目标。世界这么大，生活这么丰富，我们总能找到新的共同目标。

比如说费安娜与丈夫这次买了一个豪华大别墅，解决了下半辈子的住宿问题，那么他们是不是可以考虑一下，再添置一辆豪华房车，方便全家出去旅游呢？

只要你们愿意，寻找和实现目标的过程是循环且持续的，你们的目标不需要多么宏大，可以设置一个又一个的小目标，实现了这个就去实现下一个，实时都有新鲜感和激情。比如说费安娜与丈夫买下豪华别墅后，可以对庭院进行改造，合力种植一些果树和花花草草，常常在这里举办户外 Party，邀请家人和朋友过来烧烤，这都是非常幸福的事情。

幸福指数比较高的人，一定是在不停地做着事情的人，哪怕只是学一个舞蹈、做一餐饭或者种一盆花，他们这样精力充沛，就是因为有目标在等待着他们。

也就是说，如果我们想要自己更加幸福，就要不停地去寻找新的目标，保持生活中的新鲜感和两性关系中的激情。很多时候，夫妻关系归于平淡，是因为两个人没有共同的目标，缺乏共同的梦想，也没有精神支柱和转移矛盾的办法。

如果你想婚姻更加美满或者想改善现在受到挫折的婚姻，不妨建立一个充满幸福感的目标，和你的爱人一起去追逐和努力。

性福生活的秘密

Marriage Psychology

从心理方面来说，

性爱给人安全感、幸福感，

会提升人的自尊心，

因为感觉到被爱，所以更加自信。

因此，高质量的性爱，

让人充满愉悦和活力，

也有益于身心健康。

亲密的床伴

当我们关上大门，回到家的港湾时，无论是风霜雨雪，还是工作和社会中的烦恼，都可以被那扇门挡在外面。当我们关上卧室的房门，回到只属于自己和伴侣的床上时，家庭生活的琐碎也可以暂时放下。

床，对一个人来说是如此重要。从出生到死亡，我们从床上来，从床上走。

小时候，我们总想和最亲密的父母挤在一张床上；少年时，我们和最亲密的朋友躺在一张床上幻想未来；长大后，我们和最亲密的爱人躺在一张床上相拥而眠。

你可以和敌人共处一室谈判，可以和对手同坐一桌用餐，唯独床，是只能和最亲密的人分享的空间。

床能提供最深沉的安全感，也能承担最激烈的欲望。

长期观察的结果显示，建立在爱情基础之上的性关系，能进一步升华彼此间对爱的感受，使双方的关系变得更加稳固。相爱的男女会很自然地产生对肌肤之亲的渴望，身心结合的过程中，彼此赤诚以对，最大限度地向对方展现自己的信任。

和谐的性生活不仅能增加彼此的亲密度，还是化解矛盾的利器。"你中有我，我中有你"，还有什么值得斤斤计较。

可是，很多时候，完美的爱情并不意味着完美的性生活。性渴望被满足后会有所减弱，特别是仅与一个目标有性关系时，这种渴望总是较容易被满足。当性生活的不和谐长时间得不到解决时，主体将被迫把脆弱的感情集中到客体上，从而影响双方的情感关系。在性关系方面，失去新鲜感也会对双方的关系造成致命打击。

性冷淡是最常见的性功能障碍之一。调查结果显示，女性性冷淡患者的比例远高于男性患者。机体疾病导致的性冷淡占比并不是很高，而且这些疾病通常是可治愈的，因此建议有性生活障碍的夫妻，及早治疗。心理原因导致的性冷淡比例较高，焦虑症、抑郁症都可能导致性冷淡。另外，对生育的恐惧，甚至对女性角色的不认同，也会导致一些女性从心理上排斥性生活。所有这一切，都需要从导致性冷淡的根本原因入手，解决问题。

有些情况，也可以通过自我调适加以解决。例如，出于自卑心理的性冷淡，或者不愿在性生活中充分释放等。有些人会觉得自己太胖，或者身材不够完美，那就可以通过运动、健身、改变装束等方式，增加自己的自信。伴侣的鼓励在这时候能起到的作用是最大的，床上的悄悄话和孜孜不倦的共同学习，能解决性生活不和谐中的大部分问题。

当我们认定另一半是自己的终身伴侣时，不妨放下一切防御，躲进被子，商讨一下，两人怎样才能成为最亲密的终身床伴。

让人惊叹的性能量

性的惊人能量

很多年前，我和一位朋友去动物园，她在观赏狮子的地方，淡定地给我讲了自然界的发展规律。她认为是性能量促进了自然界的发展，当然也包括人类的发展。如果没有性能量，也就不会有当代社会这么繁荣的经济、文化、艺术等。按她的说法，是性能量推动了整个人类文明的发展。

瞧瞧，这是多么前卫的想法！

我简直被她的这个想法惊呆了，但又觉得非常有道理。

她说："你看看，在自然界中，雄性动物为了吸引雌性动物，皮毛和外表总是比雌性动物更加漂亮；为了获得异性的青睐，雄性动物会积极努力地去筑巢、寻找食物、抢地盘和构建自己的领地，从而获得更多的交配权。而人类，在遇到心仪的异性后，往往也会特别在乎自己的外表和能力，将自己打扮得格外光鲜，努力学习各种技能，争夺权力、金钱和地位，其实也是为了赢得异性的心。这样，他们就推动了整个社会的发展，并且逐渐完善了人类的各种文明。"

也就是说，她认为没有性能量的驱使，自然界和人类社会中很多美妙的事物都是不复存在的。正是有了性能量的驱使，我们才可以看到一些杰出的创造，才可以享受生命的延续和大千世界。

可以说，性能量是生命的原动力，也是文明的基础。

性生活让人更加年轻

一说到性能量，很多人就想到非常狂野的话题，如果你是这样想的，可能会让你失望了，因为我们一直是从健康和两性关系的角度去说"性"的。

很多年前，专家们就研究得出，性爱能让人类看起来更加年轻，更加有活力，身体也更加健康。这一点在社会上已获得普遍共识。

专家认为，每周有四次以上性生活的女性，从外表看起来更加年轻漂亮、有活力。这是因为"滚床单"这种运动可以让人心态保持激情和愉悦，整个人状态和能量呈现在较高峰值上，更具有吸引力。

性生活稳定的女人雌性激素分泌旺盛，又能汲取男性精液中的营养元素，这就是我们常说的，拥有高质量性生活的女人皮肤更好，更容光焕发。

同时，性爱也是一种高强度的燃脂运动，可以让人的身材维持得更好。

性生活对男性的好处也是非常多的。为了维持固定的性生活，增加愉悦感，男性会对外表更加在意，工作起来也格外努力，保持高昂的精神状态，能量自然由内向外散发，看起来充满个人魅力。

稳定的性生活可以提高男性精子质量，提升生育功能，对心脏也有益处。当然了，最重要的是，性爱可以释放内啡肽和催产素，让人睡眠质量更高。一场热烈的性爱过后，再大睡一场，也相当于一次放松和休息，可以高度缓解我们在社会上的压力。因此，在负能量爆棚的时候，一场高质量的性爱是非常棒的解压利器。

从心理方面来说，性爱给人安全感、幸福感，会提升人的自尊心，因为感觉到被爱，所以更加自信。

因此，高质量的性爱，让人充满愉悦和活力，也有益于身体健康。

因爱而性，
还是因性而爱

一夜情后可以结婚吗

通过一夜情认识的男人，可以结婚吗？

这是另一个叫莉莉的读者曾向我提过的问题。

莉莉在出差的酒宴上，认识了合作方的一名男性工作人员，两人在酒会后情不自禁发生了那种关系。本来他们都以为这是成年人酒后的一夜情，之后大家就会各奔东西不再联系，但是万万没想到，两家公司的合作顺利达成，他们开始了更紧密的合作，经常两地出差见面，自然而然又发生了多夜情。男未婚，女未嫁，这样的性关系在持续一年后，男方便向她求婚了。

这让她措手不及。

不可否认，莉莉喜欢这名男士，并且想一直与他保持亲密关系，但是从未想过步入婚姻殿堂。她一点把握也没有，甚至有点惧怕，因为她自己也认为，由一夜情开始的婚姻关系不会长久。

两者的区别

其实，男女从认识到交往的过程无非两种：因爱而性和因性而爱。两者有什么区别呢？

因爱而性，是指两个人从陌生到了解，相互吸引而产生了爱情。这份感情是由浅到深，慢慢累积的过程，先是心理上接受彼此并逐渐靠近，然后由心灵开始自内向外，对彼此的身体产生渴望，想与对方发生亲密的接触和身体融合。

这种相爱的过程是心理上的互动，而性爱的过程是身体的互动，身心合一可以加深彼此之间的亲密感和安全感，巩固二人的感情，让彼此更加无条件地信任对方。

真正相爱的人，一定会对对方的身体产生渴望和激情。也会有人说，有些人是精神恋爱啊，他们可能从来没有过性关系。其实大部分正常的精神恋爱，不是不渴望对方的身体，而是出于种种原因（阻挠），不具备发生性关系的条件，只能被迫保持着没有性爱的精神恋爱。

因性而爱的情况在当代社会也越来越多，是指双方不认识或不熟悉，且没有建立爱情关系的前提下，突然对对方的身体产生冲动和激情，想与对方发生一些亲密联系，又或者是生理上需要抚慰，刚好那个人也愿意，于是一切就发生了。这种性爱关系往往可能只有一次，所以被称为"一夜情缘"。

如何补救

生活中也有很多人因性而爱最后有了结果。他们偶然发生一次性关系后，愿意继续维持这种亲密关系，在这个过程中相互吸引，最终走向婚姻。就像莉莉经历的那样。

当然，事实也的确如莉莉担心的那样，因性而爱的婚姻是缺乏爱情基础的，并不牢靠。一夜情本身就是激情与偶然的成分占据主导地位，时间一长，激情消退、对对方的关注力被分散、对彼此身体的厌倦等都会导致亲密关系消退，加上没有感情基础，生活又太多琐碎，就容易引发争执。

同样，因为缺乏感情基础和对彼此的依恋，这种争执一旦发生，分手的可能性就比较高。

因性而爱的婚姻是存在的，而且数量不在少数。这样的婚姻不是不可取，但是在婚前二人一定要就这件事达成共识，在婚前或婚后对性与爱的顺序进行调整，并对缺失的感情培养过程进行弥补。

　　例如，莉莉如果害怕因性而爱的婚姻最终会走向悲剧，可以在婚前就与对方达成共识：二人可在婚前或婚后进行正式的了解和恋爱，从零开始建立感情基础，筑建以结婚为目的的亲密关系，这样婚后的关系才会稳定长久。

如何拥有
和谐的性生活

不要谈性色变

在我们生活的时代，人们对"性"这个话题总是讳莫如深。但事实上，无论生理上还是心理上，"性"对我们来说都是不可或缺的。

性生活无疑是非常美妙的，但它也很脆弱，经常会出现这样或那样的问题。因其私密性，我们在性生活出现问题时羞于向他人倾诉，更不敢去看医生。有人甚至会认为，因此事去医院是一件有损尊严的事情。不仅男性，很多女性竟然也这样认为。

我想起了一个典型案例。

伊丽莎白是一位让人羡慕的女士，年纪轻轻就拥有自己的工作室，日常服务的都是知名人士，其中不乏政要和明星。

伊丽莎白是地道的富豪千金，她的家庭在当地根基颇深。近年来她的丈夫接管了他们的家族企业，平时待她千依百顺，而且经常带给她惊喜。所以她每天的生活就是在女强人和阔太之间切换，似乎享尽了全天下的幸福。

在外人看来，她每天都很开心，但实际上并非如此。

伊丽莎白的丈夫上进且努力，深得大家欣赏和喜爱，但是他们在生活中有个难言之隐，那就是丈夫在闺房之中不尽如人意：不管氛围多好，前戏做得再足，丈夫都无法坚持太久。这也是二人最尴尬的时候，她词穷得不知道要如何安慰对方，或者说，也不知道要怎么安慰自己。

也因此，他们虽然结婚很多年，但还没有孩子。

伊丽莎白曾和母亲说起过这件事。作为比较传统的女性，母亲直接劝她这件事情千万不能再对第二个人说起，不然有损丈夫的尊严，自己也没有脸面。而且，这种事情不重要，只要他对你好就可以。

听到这话，伊丽莎白觉得非常无奈，她没有反驳母亲，但是内心并不认同她的观点。

后来，当她提出要去看男科医生的时候，直接惹怒了丈夫，于是她不敢再提了。

又忍受了一两年后，伊丽莎白向丈夫提出，如果他不去看医生，自己就选择离婚。在这种情况下，丈夫终于同意了去看心理医生，但是死活不愿意去看男科医生。

于是，他们找到了我朋友的心理工作室。经过深度交谈，朋友发现，丈夫的这种情况和疾病无关，而是心理问题。

伊丽莎白的丈夫是来自乡下的穷学生，性格老实，上进勤奋，伊丽莎白则是千金小姐，双方家庭和经济实力悬殊，很多人都认为他高攀了伊丽莎白，认为他是凭借着老婆才有今天的成就。其实潜意识里，他也这样认为，所以在性生活时总是底气不足，才出现以上问题。

听完我朋友的话后，伊丽莎白的丈夫同意去医院做个专业的检查。当然，检查结果不出所料，他的身体没有任何问题。也就是说，从潜意识扩散出来的压力导致他的内心极度自卑，并引发了身体机能上的暂时缺陷。

最后，结合物理的治疗与锻炼，伊丽莎白的丈夫很快就痊愈了，听说伊丽莎白现在已经怀上了宝宝。

性生活是夫妻婚姻生活中必不可少的情感联系之一，高质量的性生活可以增进夫妻之间的感情。如果性生活出现问题，不应该回避或忽视，而应该积极寻找解决办法，这是两个人对婚姻和爱情应尽的义务。

如何拥有高质量的性爱

我觉得应该注重两个方面：身体和心理。

人的嗅觉和体味在性爱中起着关键作用，男女身上会分泌荷尔蒙和多巴胺，这就是异性之间互相着迷、吸引的秘密。伴侣在牵手、依偎、拥抱的时候会觉得心旷神怡，就是因为这些味道会让对方愉悦。

伴侣之间经常聊天沟通，分享自己的日常和情绪，不仅可以增进两个人的感情，拉近两个人的距离，还能让彼此更相信对方，从心理上更加亲密。

所以我建议，想提高性爱质量，不妨从这两个方面进行调整。

如果有条件，不妨找个机会，创造一个温馨浪漫的环境，两个人依偎在一起，手拉着手，轻声说着私密的话，交换着心事，这样不仅身体有接触，灵魂也会相互靠近，从而得到愉悦和满足。

感情是性爱的基础，但性爱也是维持良好感情的基础。要想婚姻保持激情，高质量的性爱功不可没。

"前戏"很重要，
"后戏"也不能忽略

听听女性的真实想法

一个非常温暖的下午，我和安妮一块去看望我们的另一个闺密苏珊。在她的工作室里，我们喝着下午茶，天南海北地聊了起来，自然而然地说到了"性生活"这个话题。

安妮告诉我们，她非常不能忍受在性生活时，丈夫从来都不知道有"前戏"和"后戏"这些步骤，每次都是毫无预兆地就开始了，然后又毫无预兆地结束了。两个人在床上的频率好像从来都不在一个频道上，每次她还没有反应过来，对方已经火热地开始了；当她刚开始有些感觉的时候，对方就结束了。

最让她无法忍受的是，每次她还未反应过来，对方可能已经匆匆忙忙去洗手间清洗了，然后自顾自地开始看电视或呼呼大睡。

令人崩溃的是，她的丈夫还有打呼噜的习惯，总是吵得她心烦意乱。

苏珊也吐槽自己的老公：虽然挺注重"前戏"，每次总是很耐心地培养两人的感觉，并且很注重她的感受，但是他也不太注重"后戏"，每次一结束，她的丈夫就会立刻从激情中抽离出来，转换状态，点一支烟或开始打电话处理公事，这让她非常窘迫，有一种被冒犯的感觉。

她们和老公提过这件事，但对方好像是改不了这个习惯。

男女的差异

男女在性需求上是不同的，男性看见女性身体或受到暗示后，会立刻激起性欲望，但一旦达到高潮后，这种欲望就会立刻消退，恢复平时的理智和古板。也就是说，男性的欲望来得快，去得也快。

曾有专家进行过相关的调查，发现有超过 30% 以上的丈夫在性生活后会去抽根烟解乏，还有接近 30% 的丈夫在结束后会立刻呼呼大睡，甚至打起呼噜。

在调查中，妻子们对以下这些行为也表示特别不能接受：一结束就立刻去冲洗，马上就处理公事……这些情况都会让另一半感觉特别尴尬，主要是不习惯这么快速的角色转换和心理落差。

而女性呢，性欲望唤醒的过程非常缓慢，不会像男性那样受到视觉冲击的影响，也不太可能被暗示。她们往往需要在美好的氛围下，另一半的甜言蜜语和爱抚下，才能慢慢进入状态。那么相对来说，她们的性欲望消退得也比较慢，在高潮过后，也需要另一半继续轻轻地爱抚、拥抱，在耳边轻轻说情话……她们需要在满满爱意的包围下，才会逐渐地平静下来，这就是所谓的"后戏"。

性学专家将一场完整的性生活分为四个周期：兴奋期、持续期、高潮期和消退期。也就是我们常说的前戏、持续、高潮和后戏。如果在高潮过后男性迅速离开，就好比一台戏马上就要演完，结局却被掐掉了，让人意犹未尽，并且相当扫兴。

女性更在乎"后戏"

安妮和苏珊都认为，相比起"前戏"，她们都更注重"后戏"。因为她们觉得，只有耐心做足"后戏"的男人，才是真正尊重她们，在乎她们感觉的人。

这可不是危言耸听，在激情中没有"后戏"，或草草结束不顾女性感受的男性，会让女人觉得他与自己发生性关系只是为了满足欲望，而不是想和自己建立长期稳定的亲密关系，所以男性才会只顾自己的感受，不顾伴侣的感受。

也就是说，一般男性做足"前戏"是为了营造美好的性爱氛围，唤醒女性的感觉，从而获得这场性爱；"后戏"则是为了满足女性心理上的需求，提升两人的幸福感，并给女性足够的安全感。

如何让"后戏"更加精彩

那么男性要如何吸取教训，在"后戏"的过程中表现出色，达到令女性满意的程度呢？第一点就是不要为了"后戏"而"后戏"，太过敷衍反而会将事情办得更加糟糕。一定要真心地认识到"后戏"的重要性，并且真诚地愿意为伴侣做足"后戏"。

虽然这种事情没有一个具体的衡量标准，但是我可以教给大家一些小技巧，比如前面提到的禁忌的事情一定不要马上去做，因为这些行为真的太扫"性"了。建议可以在高潮过后，继续抱着对方，在她耳边轻声说一些她喜欢听的情话，轻轻抚摸她的身体，甜蜜地亲吻对方，小声交流刚才的感受，这些都是非常好的方式。

如果丈夫在这样的事情上让你不够满意，应该如何去做呢？当然你要毫无保留地找一个适当的机会说出自己的感受，并明确说明，你希望他怎么做。如果你提过意见后，他仍然不愿意去做，或做得还是不够让你满意，那么，请一定不要尖锐地指责他，这样会使事情变得糟糕，毕竟男人在这种事上是极其要面子的。我们可以采取迂回的方式，继续向他表明心里的想法，或者两个人一起去学习相关方面的技巧，共同学习，共同提高。

8

追求幸福婚姻的
方法和原则

Marriage Psychology

爱是这个世界上最纯净、最无私、最真诚的东西，

它代表着给予，而不是索取。

在两性婚姻里，需求其实很简单，

男人需要很多很多的尊重，

女人需要很多很多的爱，

两个人之间需要很多很多的理解和包容。

理性信任，感性理解

乔治·齐美尔开启了当代社会学信任研究的先河。他认为社会开始于人们之间的互动。在当代，互动的主要形式是交换，尤其是以货币为中介的交换，这种交换离开信任就无法进行，换言之，整个社会的运行离不开信任。齐美尔在《货币哲学》中提到："离开人们之间的一般性信任，社会自身将变成一盘散沙。"在《社会学》中，他提到："信赖是社会中最重要的综合力量之一。"对个体行动者来讲，信任的功能是"提供一种可靠的假设，这种假设足以作为保障把实际的行为建立在此之上"。

无论是在社会层面，还是在个体层面，信任都是无比重要的。

婚姻关系当然离不开信任。可是为什么要在这里加上"理性"二字呢？最亲密的人之间，不应该是无条件地信任吗？如果你选择无条件地信任自己的伴侣，他许下的每一个承诺你都当真，你随口说的每一句话他都深信不疑，你们之间的信任一定会随着时间的流逝日渐瓦解。

例如，你们无意间闯入一片美丽的丛林，落叶的飘动让你们沉醉其中，你的伴侣不禁感叹生活的美好，然后说了一句："我们以后每年都来这里。"可是这里离你家几十公里，平时你们也不会往这个方向来，如果这时候你选择信任他，来年很可能会失望。但是你要理解，他希望和你再次体验这样的自然美景，这是一种爱的表达。

家里来了十几位客人，妻子为他们准备了晚餐，宾主尽欢，客人离开之后，妻子还要收拾满桌的狼藉，你让妻子休息，她却说："我不累。"这时候你要相信她吗？还是靠你的理性做出判断吧，做了那么多饭菜，她怎么可能不累。她非要收拾，可能是因为无法容忍家里乱糟糟的样子，并不是真的不累。说服她去休息，告诉她你来收拾这些，你会发现，对她的"不信任"，会让她感受到你的关爱。

婚姻关系中理性和感性并存，用对地方最重要。

如果在制订家庭预算时，让感性主导，那一定会乱套。你想给妻子买最美的衣衫，因此写入预算，最终妻子希望落空，或是家庭收支入不敷出。在丈夫抱怨上司不讲道理的时候，妻子却用理性应对："不公平也要忍，我们要靠你的薪水过日子。他这样批评你，确实是你能力上有所欠缺。"如此，丈夫怎么能从亲密的爱人那里得到鼓励和安慰？又怎么能打起精神面对社会的压力？

当对方需要信任的时候，用你的理性进行分析，做出合理的判断，才能最大限度地降低失望。当对方需要理解的时候，请充分释放你的感性，让对方在失落、疲惫的时候感受到你的关心和爱，让他重拾自信，找回面对困难、迎接挑战的勇气。

理解和尊重
才是真正的爱

爱的基本公式

劳拉给我讲过一个故事：

她和特恩凭着一腔热情，匆匆进入了婚姻的围城。刚开始的时候她还不知道如何做一个好妻子，反正日子就这样磕磕绊绊地过了下来。因为深爱，那些小小的细节都被忽略过去了，但是忽略并不代表消失或不存在，只是藏在心里渐渐累积，越来越严重，最终有一天，因为一件小事爆发了。

那天劳拉和姐姐逛街回来，给丈夫买了一件感觉非常帅气的衬衣，开心地当成礼物送给他。但遗憾的是，丈夫特恩只是看了一眼，淡淡地说了句"谢谢"，就将衬衣丢在一边，自顾自地去忙了。

在姐姐面前这极大地挫伤了劳拉的自尊心，让她觉得没面子，也觉得丈夫在家人面前对她不够尊重，于是她瞬间崩溃了。

劳拉是个任性的女孩，结婚多年也没有改掉这个脾气，她直接将这件衬衣丢进了垃圾桶，并且大声吼道："既然你不喜欢就扔掉好了，以后我再也不会给你买衣服了，这是最后一次。"

姐姐及时制止了她的口出恶言和赌气行为，并将衬衣从垃圾桶里捡了回来，让她尝试和丈夫好好沟通。

经过沟通，特恩说出了自己反应冷淡的原因：他是一个很随性的人，不管是生活上还是工作中，一直都只穿 T 恤，不喜欢穿衬衣。他长这么大，除了结婚那天穿过一次西服和衬衣，就再也没有穿过了。劳拉在明明知道他的这个习惯的情况下，仍然给他买了一件很正式的衬衣，还想让他穿上，这让他觉得自己没有被尊重，没有被重视，他的心里其实也有些生气。

本来只是一件小事，但发展到这里，却发生了更严重的分歧。劳拉认为就算你不喜欢穿，但这是我精心为你买的礼物，你也应该为我改变一下你的习惯，好歹试穿一下，不能就这样丢在一边；而特恩则觉得这本身就是一件小事，我只是没有试穿你买的衣服而已，你为什么要将衣服直接扔进垃圾桶，这不是在用愤怒惩罚我吗？

最终在姐姐的帮助下，两个人都意识到了自己的错误，圆满解决了这件事。

不被理解与尊重的爱不是真正的爱

曾经有人说，在婚姻里，需求其实很简单，只要满足需求，就可以保持良好的亲密关系。这个简单的需求就是：男人需要很多很多的尊重，女人需要很多很多的爱，两个人之间需要很多很多的理解和包容。

在婚姻生活中，女人常常抱怨"他不爱我了"，"他不像原来一样爱我了"；男人在乎的是，"为什么她总是在外人面前不给我面子？""为什么她总是打击我的自尊心，不顾及我的感受，不理解我的辛苦？"

这是人类发自潜意识的天然需求，在婚姻中如果没有理解和尊重，双方就会陷入相互指责、抱怨、不信任、争执的负面模式。

几年前，我们大学同学组织了一场聚会。在聚会上，一位同学的妻子专门穿了一件漂亮的连衣裙，成为全场的焦点。但她的丈夫却当着同学们的面斥责她，责怪她为什么在今天这样的场合穿得这样鲜艳，看起来非常轻浮。

当时我们都很震惊，因为在这样的场合，这位丈夫的言行是非常不合适的。

他的妻子非常委屈，我立刻低声提醒同学一定要当众给妻子道歉。但是作为丈夫，他好像大男子主义习惯了，又火上浇油地说了一句："道什么歉？她不需要，没关系的，她早就习惯了我这样对她。"

我告诉他，对自己的妻子一定要爱护和尊重，特别是有外人在的时候。这位可以称作是"恶劣"的丈夫，当着大家的面毫不在乎地说："她懂什么是尊重和爱护？她啥都不懂。"

本来是非常美妙的聚会，最后气氛完全被破坏了，他的妻子哭着扭头而去。我听说他们正在看心理医生，婚姻恐怕已经不能再继续了。

显而易见，如果你不能尊重和理解妻子，不能在外人面前给她足够的尊重，那么说明你根本不认为你们两个人是平等的个体，也不认为你应该多爱护她。这样的婚姻其实根本谈不上相爱，是非常痛苦的。

信任也是理解与尊重

夫妻之间经常发生这样的矛盾：一方怀疑另外一方在外边有情况，或者听了别人的闲言碎语，对另一半产生怀疑。这也是不够尊重伴侣的一种消极反应。我们千万不能以爱为理由去窥探另一半的隐私，挤压对方的私人空间，怀疑对方的品德以及对你们爱情的忠诚，也不可以将自己的焦虑转移到伴侣身上。

我们要打心眼里认可对方、爱惜对方，真心真意地维护两个人的亲密关系，能够从他的角度去看待事物，去理解、感受、照顾、尊重他，不让他在需要自己的时候失望和痛苦。

爱是给予，而非索取

双方都想索取的爱不会长久

我听说，长久以来，很多国家都有这样的习俗：伴侣之间，谁的衣服盖在另一个人的衣服上边，就代表着婚后可以压住这个人，让对方多爱自己一些，做家务多一些，对这个家庭付出多一些。所以，在新婚之前，妈妈们总会教自己的孩子：要在新婚之夜趁对方睡着后，偷偷起来把自己的外套压在对方的外套上面，然后挂在衣柜里，这样婚后自己就可以做享受爱护的那一方。于是，新婚之夜，本该是美好的晚上，新郎和新娘都像防贼一样，互相防着对方，各怀心事，总想趁着对方睡着之后，爬起来给衣服换个位置。

想想这种情景是不是很搞笑,夫妻婚后成为一家人,仍然会担心自己付出的比对方多。女人常会觉得,如果主动付出太多,对方可能会不珍惜,也会降低自己的身份被人看不起;而男人会觉得,男人天生就不该伺候女人,不该做家务琐事,这样会有失自己大男子的身份。

总会有人愿意无条件付出

如果谁都不愿意做付出的那一方,都只想着索取,那这样的婚姻还有什么意义呢?如果婚后双方都不愿付出自己全部的爱和精力在这个家庭里,生怕对方占了自己的便宜,那么在爱的方面就会有所保留,在索求方面就无法控制分寸。你们有没有想过,假如有一天,出现了一个愿意毫无保留为你的伴侣付出的人,他会不会立刻就跟人走了?

米切尔就遇到了这样的事。

她出嫁时,妈妈告诉她,一定不可以对丈夫表现得太过殷勤,也不可以承包所有的家务,这样的话会让男人觉得,家务活是妻子天经地义该做的事情,会心安理得地享受她的付出。

妈妈还告诉她,婚姻不会是一帆风顺的,男人是需要调教的，如果你们的生活太平静，那么每隔一段时间你就该挑剔一下你的丈夫，打击一下他，指出他的一些坏毛病或者压迫他去做一些家务活，强迫他为这个家庭多付出一些，让他意识到你在这个家里的地位，这样他就会越来越听话。

在婚姻中，米切尔完全照着妈妈传授的经验来操作，但并没有得到预料的结果。结婚不到两年，她的丈夫就厌倦了这种日子，尔虞我诈、没有信任、妻子无休止地抱怨和挑剔……这一切的一切都让他喘不过气。

后来，米切尔的丈夫在工作中遇到了温柔体贴的女下属，第一次感受到了对方无条件的付出和爱，以及每时每刻的温顺，他被深深地感动了，义无反顾地向米切尔提出了离婚，迅速投奔到那个女人的怀抱。

分手的时候他对米切尔说："她对我的爱毫无心机，毫无保留，无条件为我付出从不求回报，她越是不求回报，我就越想回报她。跟你在一起我觉得很累，因为你时时刻刻在算计，哪怕只是洗个碗，你也生怕自己比我多洗了一次，而且隔些天就要找碴儿跟我吵架，这样的日子我过够了。"

无论如何，婚内出轨总是应该被谴责的，但这也给我们敲响了警钟：如果你不愿意在爱情里无条件付出，只愿意索取或者是工于心计，那么自然有人愿意去做只付出不索取的那个，到时候可能会给你带来不必要的困扰。

人是需要无条件的爱和付出的，一个人有没有全心全意地维护两个人的关系，在婚姻中投入真心，是很容易被人感受到的。

爱是全心全意付出

夫妻是人生路上的伴侣，需要一起经历风雨，面对生死。世界有很多纷扰，仅凭一个人很难完全应付下来，需要另一半的支持，特别是在痛苦和生病的时候。如果两个人都不愿意付出真心，或者太过计较谁付出得更多，就没有办法相互扶持。我们再来看一个故事：

凯瑟琳自小患有小儿麻痹症，双腿不太利索，年纪很大了也没找到心仪的对象，直到遇见了安德鲁。

当然这桩婚事遭到了安德鲁家人的反对，但他还是义无反顾地跟凯瑟琳结了婚，并为此和自己的家人决裂，从家里搬了出来，与她一起生活在并不富裕的偏远郊区。

结婚后，安德鲁不仅不嫌弃凯瑟琳身体有残疾，反而对她特别关照，两个人的感情特别好，凯瑟琳也过得很幸福，她觉得自己是幸运的女人。

可好景不长，安德鲁突然被诊断出得了癌症，而且来势汹汹，很快就躺在床上不能动弹了。这个时候，凯瑟琳立刻肩负起了照顾他的职责。

这是个辛苦的过程，对于一个身体不太方便的女人来说，独自照顾一个癌症病人，其中的艰辛可想而知。安德鲁不忍心，多次提出要跟她离婚，想成全她，让她过上无忧无虑的生活，但都被凯瑟琳拒绝了。

凯瑟琳笑着安慰安德鲁："亲爱的，不要这个样子，夫妻不应该就像这样相互扶持吗？你不是也从没有嫌弃过我吗？现在该我回报你了。没有关系，一切都会变好的，我们会越来越好的，相信我！"

因为身体不太方便，凯瑟琳经历了很多常人没有经历过的艰辛，但她心里有一个信念：我的爱人不曾嫌弃过我，在他最需要我的时候，我也不可以丢下他。现在是我回报他的时候了。

在凯瑟琳的精心照顾下，安德鲁做完了手术，身体正在逐渐恢复中。

　　我相信，以后无论再遇到任何困难和风雨，这对夫妻都可以相互依偎着撑过去，并且我相信，他们一定会一直恩爱下去，并且过得十分幸福。

　　爱是这个世界上最纯净、最无私、最真诚的东西，它代表着给予，而不是索取。希望每个人都能学会无条件地为爱情和家庭付出，也希望我们能学会珍惜和回报别人的付出。

相信对方的心

学会以己度人

有这么一个故事，流传很广：

女孩从小喜欢吃苹果，有一天她跟朋友说："现在好想吃苹果哟！"

一直追求她的男孩知道了，冒着大雨为她送来了一车梨。女孩当然拒绝了。

男孩很愤怒，不停地表达着自己的良苦用心："我是多么爱你呀，知道你想吃苹果，立刻就冒着大雨给你送来了一车水果，你为什么不能理解我的一片苦心呢？为什么就是不能接受我的爱呢？你应该很感动的呀？"

女孩哭笑不得，说："我喜欢苹果，你却塞给我一车梨，如果我不收，你就觉得我不珍惜你的好意，对不起，我是真的不能接受你的好意。"

在日常生活中，我们有没有遇到过这样的情况呢？很多丈夫因为太爱自己的妻子，想将妻子紧紧掌控在自己的手里，不让她出去工作，不让她与朋友聚会，不让她与家人联系……

妻子无法忍受，表达自己的情绪时，丈夫非常愤怒地吼道："因为我爱你，害怕失去你，我这是为了你好，为了我们俩的婚姻好！"

不，这其实是一种自私。

这种方式通常会被别人错认为是爱情，在我看来，其实更像一种软暴力。丈夫只考虑了自己的立场，并没有考虑到对方的立场，还给对方带去了困扰和痛苦。

当然，这种软暴力也经常发生在亲人之间，比如母亲逼自己的孩子去学习一些他们根本没有兴趣的课程，还美其名曰"我是为了你好"。从孩子的角度来说，这些就是强加在他们身上的痛苦，这些都是由于"爱"制造出来的矛盾，最后引发了争吵。

这个时候我们需要以己度人，站在对方的角度去想：如果你是对方，别人强迫你去接受自己不喜欢的事情，你是否会苦恼、反感甚至感觉到痛苦？如果你也很讨厌这种强加的痛苦，那么也请不要把这种痛苦强加在别人身上。

将心比心

夫妻相处之道有一个很重要的小技巧，那就是将心比心。我们要时常换个立场站在对方的角度去想想。

如果你经常抱怨你的丈夫，处处对他不满，经常冲他大吼大叫，但是呢，你也知道这种方式不对，每天都告诉自己今天回家一定要对他温柔一点点，不可以再对他吼叫。可是一回到家中，你依然改不了这个毛病，控制不了自己，再次为了一点小事崩溃了，然后再次后悔，再次做出保证……就这样周而复始，日子一天一天过去了，矛盾一点一点累积加深，你的丈夫也离你越来越远。

也许，你可以站在丈夫的角度想想，每天都生活在这样的环境里，辛苦一天下班回家之后还要被你大吵大闹、各种埋怨，怎么做、做什么你都不满意……面对这样的生活你是不是也很痛苦？如果你自己都觉得这种生活让人无法忍受，你自己也意识到这样做非常不对，那为什么不能体谅到对方的痛苦，然后改掉这个毛病呢？

　　我相信一个准则：如果你不愿意别人这样对你，你也不要这样对别人；你不会对自己的母亲和儿女说的话，也不要对自己的伴侣和朋友说。

　　我们也需要时刻审视自己的潜意识：我们的内心是怎么样的？我们的人性是怎么样的？我们的不良习惯是怎么样的？如果我们有人性的弱点，那么对方也会有；如果我们改不了劣根性，也不要去苛求对方。

　　比如说，你喜欢和帅气的男性朋友一起出去约会，那么将心比心，人都是有爱美之心的，你的丈夫在街上多看几眼美女，你就不要太过在乎了，因为他也就只是看看而已，不会真的做出出格的事情。

　　他是你精心挑选的伴侣，他的品德经过了你的重重考验后，你们才在一起的。你要相信自己，也要相信他的心，要认可对方，理解对方，也要给你们的爱一些呼吸的空间。

如实看待对方，
打破心理错觉

幻想与现实的落差

在夫妻的争执中，我们常常会听到这样的对话："你怎么现在变成了这样，你是不是不爱我了？"另一方莫名其妙，"我什么时候变了？我本来就是这样，倒是你，为什么婚后变得这么不可理喻，婚前的善解人意上哪里去了？"

是对方真的变了，还是一开始我们并不真正了解这个人，对他的幻想成分占据了主导地位呢？

朋友给我讲了一个真实的故事，发生在他的同事夫妻之间。

这对夫妻是大学同学，婚后进入了同一家企业工作，感情非常好。有一天，同事们听说他们要离婚，这事儿就像新闻一样在公司炸开了，大家都觉得不可思议。后来，大家听说了他们离婚的原因，觉得更不可思议了，一个个瞠目结舌，还以为这是愚人节的玩笑呢。

他们要离婚的具体原因是什么呢？我们来听听妻子亚米的想法。她抱怨说："其实从刚结婚的时候，我就不能忍受他的一些坏习惯，但为了爱一直在忍受和包容。比如他进门换了拖鞋后总是不把鞋摆好，就那样杂乱无章地扔在门口等着我去收拾，然后他会像什么也没有发生一样，穿着拖鞋就去做别的事了。我多次告诉他，进门后换了拖鞋，一定要把自己的皮鞋摆好，鞋尖朝外，整整齐齐放在门口，可是说了20年他都不听，简直要气死我了。

"这都不算，20年了，每天我都跟他说早上刷完牙之后，要把牙刷的刷子朝上放，手柄装在杯子里，这样的话就不会滋生细菌了。但他非要把我的话当成耳旁风，像是故意跟我作对一样，每次刷完牙之后，非要把刷子那头放在杯子里泡着。

"这些小细节太多了，不管我说多少遍，说多少年，他从来都不会记在心里，这完全就是不把我放在眼里，不尊重我，不在乎我，也不爱我，所以何必还要过下去呢？不如离婚算了。"

针对这些事情，丈夫也有自己的看法。

他看起来十分狼狈，头都大了，无可奈何地说："她竟然要因为这些小事跟我离婚，把我当什么了？离就离！反正离了之后，我再也不用听她为这些小事唠叨我了。知道吗？每天从我进门开始，她就唠叨我，嫌弃我这不好那不好。对，我连鞋子都摆不好，我连牙刷都放不好，我做什么都不对，就是这样！我一无是处总行了吧！她要离婚那就离吧！"

这件事情听起来很可笑吧，其实根本就不可笑。对于曾经有着亲密关系的夫妻来说，为了这种事情走到今天的地步，根本就不是一件可笑的事情，但是它实实在在地发生了，据说，很多夫妻都会出现这种糟糕的状况，甚至比亚米他们更糟糕。

如实看待对方

在婚姻生活中，总会有人按照自己期待的模样去要求另一半，但基本上是做不到的。别说对方只是你的伴侣，就算是你的孩子也不可能完全按着你刻画的模具进行生长。每个人都有自己的个性，也有自己的想法，如果你非要对方完全按照你的期待去生活，按照你的想法去执行，最后只会引发矛盾。

这是因为对方不爱你、不在乎你吗？不是的！是因为你没有如实地看待对方，你用你心目中想象的那种幻觉去看待对方，这并不是真实的他。

比如亚米，准备结婚的时候，她幻想自己的丈夫是一个温顺听话且在细节上能够让她满意的那种男人，事实很明显，她的丈夫并不是这种人，并且努力过了也无法改变。这是事实，但是亚米看不清楚，还沉浸在自己的幻想里，用自己幻想中的样子去要求丈夫，丈夫做不到，她就非常愤怒，完全不接受现实。

学会接受现实

什么是现实呢？现实分为两种：

一种是必然。比如说没有人能够完全按照另一个人的幻想和要求去生长、生活，这是必然且不能更改的。也就是说，哪怕这个人愿意去按照另一个人的要求和幻想去生长、生活，实际上他是根本做不到的，因为人的想法会不停变化，并且两个人的想法不可能完全契合，你以为你做到了，但其实你根本做不到，对方可能永远都不会满意。我们应该正视这种必然。

另一种是对方可以做到，但就是不愿意去做。这也是一种现实，你也应该及时去接受。比如说像亚米要求的这种细节方面的小事，如果你要求你的丈夫三次以上，他仍然做不好，我想你就应该放弃了，而不是坚持 20 年，因为这种小事做不做到都无所谓。如果是更严重的事情，我们也应该接受现实，如实地看待对方，明白他就是这个样子，改不了了，这就是实际情况。最重要的是，我们尽快接受现实，并且积极地去面对。

举个例子：你的丈夫出轨了，第一次你跟他谈妥了，他保证不会再出现这样的事，但是没过多久，他又出轨了，紧接着又有了第三次和无数次。那么，在这种情况下，我们就应该做到如实地看待他，了解到他就是这样的人，就是这样的性格和思想观念，他永远也改不了，这就是实际情况。

面对这种情况，你要怎么办？接下来我们该想想处理办法：你能忍受就继续过下去；不能忍受就分开，重新选择幸福的生活。

但是很多人会选择另一种情况，就是既不离开这个出轨的男人，也不能容忍这种不停背叛和欺骗的生活，总是幻想着对方能够改变，奢望着他能浪子回头，每天不停地去督促他改邪归正，或者为此跟他大吵大闹，希望他还可以做回自己心目中幻想的那个忠诚的男人。那么恕我直言，最后的结果只有痛苦和无尽的失望。

还有一种少部分人会选择的结果，是在婚姻存续的状态下，如果你了解到这就是真实的他，他永远也改不了，这就是你们这段婚姻的真实情况，你对他不抱任何希望，愿意自己过自己的，让他玩自己的，那么这不失为一种很好的选择。

我知道这样说对你们很残酷也很难，但是婚姻的实际情况就是这样，就像天要下雨，树叶黄了一定会离开树一样，这是自然发生的，也是必然存在的。

打破心理错觉

我们在热恋的时候，总是喜欢仰视另一半，觉得对方什么都好，对你温柔体贴还很乖巧，你会认为他就是这样的人，不，其实这是你想象中的他，不是真实的他。这种完美的伴侣形象甚至他对你深情的爱意，都是幻想出来的成分更多，真正的婚姻生活开始了，你会存在严重的心理落差。

在婚姻中，如实地看待自己的另一半，接受现实，打破心理错觉，这样才能让亲密关系更加长久和稳定。

确认婚姻中双方的底线
是很有必要的

 没有结过婚的人，挑选伴侣时的思路通常是："我要找一个有 ××××优点（例如体贴、风趣、美丽、英俊，或者能力出众、财力雄厚）的人。"经历过一次或多次婚姻的人，有过失败经验，因此挑选伴侣的思路是："我要找一个不能有 ××××缺点（例如出轨、暴力、不讲卫生、不尊重人、没有进取心等）的人。"这两种思路没有对错之分，但是我要指出，第二种思路是进入婚姻之后，非常值得参考的生活智慧。

 很多人满怀憧憬地进入婚姻，却发现原以为近在眼前的美好，其实并非触手可及，可能有很长的路要走，甚至可能走了很长的路，最后发现只是海市蜃楼。更可怕的是，无论是通往幸福，还是海市蜃楼，婚姻道路上遍布的都是真实的陷阱。

因此，掀开红毯，看清陷阱的位置，明确地圈出禁区，能帮我们实实在在地减少伤害。很明显，做这件事越早越好。

所谓婚姻中的禁区，也就是双方的底线，是因人而异的。如果你们深信对彼此足够了解，无须明示就能达成默契，那自然好。不过，针对这个话题进行一次深入的交谈是最保险的。

因为生活经历、家庭教育和思维方式各不相同，所以我们无法为所有处在婚姻关系中的人圈定统一的禁区。

在这里简单举几个例子供大家参考。

不忠诚。这是大部分夫妇都认可的婚姻禁区，但这也是已婚人士最常闯入的陷阱之一。对伴侣不忠诚，会给婚姻带来毁灭性的打击，即便犯错的一方最终获得原谅，也会给"幸福婚姻"蒙上阴影。因此提前展开深入交流，共同商讨预防策略，在这个问题上显得尤为必要。

对父母不敬。对人尊敬是人类社会交往的基本道德要求，但是有些人因为性格原因或个人经历，对这一点格外敏感。

凯文从小由母亲一个人带大。父亲家暴，母亲毅然决然地带着他离开了。因为外公、外婆和母亲的关系也不是很亲近，所以母亲连个帮手也没有,既要工作赚钱,又要照顾凯文。生活的艰辛没有打倒这个坚强的女人,却让她变成了一个性格敏感的人,直言不讳地当面指出她的缺点或不足,会被她视作对她的不尊重。

凯文和苏珊结婚之后,凯文的母亲来探望刚出生不久的小孙女,并打算小住几日。在给孩子喂奶的问题上,婆媳二人产生了分歧。凯文的妈妈希望苏珊相信自己的经验,苏珊则直言不讳地表示:"我的方法更科学……"她还没有进一步说什么,见凯文妈妈的脸色变了,便岔开了话题。苏珊知道凯文与母亲的感情很深,不愿意把气氛搞得过僵,但是心里有些委屈。

晚上,凯文回到家,苏珊把白天的事告诉了凯文,凯文很感激苏珊的容忍,将母亲的经历告诉了苏珊:"我的妈妈没有读过几年书,所以你说你的方法更科学,一定刺痛了她。你今天已经做得很好了,我很感激你。可是我希望你能理解她,她是个善良的人,但是她的自尊心很容易受到伤害。我希望你对她能更包容一些,我知道这对你不公平,但是我真的很爱她。我希望你们能好好相处。我喜欢一家人其乐融融的感觉,我想她也是。"

苏珊出于对丈夫的爱,也出于对凯文母亲的理解和同情,对凯文的母亲展现出了更大的包容,所以这件事并没有成为他们之间的问题。

如果苏珊在与凯文母亲出现不同意见时，据理力争，很可能会演变成争吵。苏珊在完全不知情，没有明显过错的情况下，就会触碰到凯文的禁区。这件事会给他们的幸福婚姻埋下隐患，如果一味发展下去，甚至会出现"婆媳不两立，要我还是她"的情况。

好在苏珊敏锐地察觉到了凯文母亲的不快，同时她知道凯文与母亲的关系很亲密，她选择在第一时间做出退让，并在与丈夫的及时沟通中，彻底理解了凯文母亲"不好相处"的原因，同时在丈夫讲述的过程中意识到"他们的母子亲情不容侵犯"。丈夫的请求和那句"我知道这对你不公平"，化解了她心中的委屈。

苏珊明确掌握了丈夫的禁区。日后在与凯文母亲的相处中，她表现出了大度和宽容，凯文对此感激不已。凯文的禁区不仅没有成为他们幸福婚姻路上的绊脚石，反而成了助推器。

暴力。物理伤害是婚姻关系中绝对不能允许的，这一点无须讨论，只要发生一次，必须马上诉请外力介入。严格来讲，这已经不是婚姻问题，而是法律问题了。

冷暴力因为难以严格定义，且感受因人而异，所以是需要夫妻二人展开讨论的话题。例如，有些人认为，发生冲突之后，一段时间不说话，能让双方冷静下来，思考自己的过错。但是对另外一些人来说，同处一室不说话，是十分痛苦的煎熬。

冷暴力只会让彼此的关系更加疏远，在出现冲突分歧、发现问题需要沟通交流的时候，沉默并不是明智的方法，这只会让被冷暴力的一方怀疑自己。当双方的情感压力剥夺了本来的快乐时，夫妻关系也就走到头了。

因此，在没有冲突的时候，与伴侣交换对冷暴力的看法，可以有效避免降低婚姻幸福度的冷暴力的发生。

幸福的家庭都是相似的。要想拥有一个幸福的家庭，早早确定双方的禁区是明智稳妥的做法。除了以上禁区外，还有其他一些常见的禁区。例如，有些人无法接受自己的伴侣随意地说出离婚，有些人无法接受不将宠物视作家人，有些人无法接受离家出走，诸如此类。

早早圈定禁区，不仅能减少没有必要的摩擦，还能让我们在通往幸福婚姻的道路上少走很多弯路。

幸福的婚姻不需要算计

前面谈到婚姻中的付出与得到时，我们提到过，因为无法计算，所有婚姻中的付出与得到不能追求绝对意义上的公平。

"计算"或许是为了公平，有这样的想法，完全可以理解。但是，"算计"是为了自己的利益，不顾他人甚至去损害他人的利益，在婚姻关系中，这是绝对不能被接受的。

幸福的婚姻不需要算计，所有处心积虑的算计都是在为离婚做准备。

前一段时间，英格丽离婚了。在朋友们看来，她并不为自己的婚姻失败感到难过，反而为自己有先见之明感到庆幸。

英格丽家世不错，相较之下，她的丈夫弗兰克在他们相识的时候只是个穷小子。两人是大学同学，毕业之后在英格丽父母的帮衬下，弗兰克开设了一家公司。英格丽不参与公司运营，但因为父母是出资人，所以英格丽要求掌管公司财务，弗兰克对此没有意见。

公司创立初期，弗兰克为了不让岳父母和妻子失望，每天早出晚归，好在他确实能力出众，两三年时间，他的公司就取得了不俗的成绩，岳父母也开始对他刮目相看。

就在英格丽和弗兰克筹划着要孩子的时候，弗兰克出轨了，对象是英格丽的秘书。

英格丽对朋友们说："我本来打算怀孕之后，让她接手我的职位，可惜她没有经受住我的考验，他也没有。"

英格丽果断离婚，联合自己在公司安插的其他管理层把丈夫踢出了公司，只给了他少量补偿金。

从表面上看，要不是因为英格丽精于算计，她就会人财两失，下场比现在惨得多。

任何对婚姻不忠的行为都应该受到谴责，在他们的婚姻中，弗兰克的错误显而易见。那么英格丽呢？她是完全没有错误的受害者吗？

在选择结婚对象时，她没有选择对方的家世，而是选择了对方的能力，也可能是自己的爱情。结婚之后，父母为他们出资组建公司，这表明了她和父母对弗兰克的信任。只是他们信任的是弗兰克的能力，并不是他的人格，所以英格丽要求掌管财务。当她准备怀孕的时候，她自己选定接班人，有意考验她的接班人，也许她计划考验的不只是自己的接班人，也包括自己的丈夫。最后，没通过考验的丈夫被她踢出了公司。

与其说弗兰克是她的丈夫，不如说是她聘请的经理人，只是如果没有股权激励，经理人可能不会同意为她这样效力。

她所有的退路，都是建立在一个假设之上——我们的婚姻不能幸福地走到最后。这种心理会影响她对公司的布局，自然也会影响她对婚姻的投入。没有百分之百投入到婚姻关系中，只想着抽离的时候如何才能不吃亏，这样的婚姻怎么可能幸福长久呢？

有人误把经营婚姻理解为算计。用心经营婚姻，目的是为婚姻也就是婚姻中的双方争取利益，而不是不顾对方，只顾争取或者守护自己的利益。

有人会说，英格丽没有更好的选择，如果她选择完全相信自己的丈夫，全身心投入，她的丈夫依然有可能背叛她。那时候她不仅会比现在更伤心，还可能让明显有错的负心男获得更多财产，这样的结果岂不是更残酷。

我们永远不能保证，只要你全身心地投入，就一定能获得幸福。这确实令人沮丧。可是，如果你在婚姻中始终不肯投入，一味地算计，你或许能得到一段长久的婚姻，但是永远得不到幸福的婚姻。因为幸福是个人的主观感受，是浸透式的，就像你坐在泳池边的太阳椅上，无论椅子离泳池边多近，你也感受不到泡在水里的感觉。你无法全情投入婚姻，就永远无法感受到婚姻的幸福。

幸福的婚姻
就是永远彼此需要

对幸福婚姻最简单的描述，就是永远彼此需要。

《月亮与六便士》中，斯特里克兰德有一份体面的工作，婚姻美满，儿女双全，家庭幸福。但是他突然放弃了这一切，选择去做一个画家。斯特里克兰德太太认为丈夫一定是被外面的女人迷住了，拜托他人劝丈夫回家。但实际上，根本没有另一个女人，他只是突然不需要一个家庭，不需要一个妻子了。斯特里克兰德太太做好了原谅丈夫的准备，她可以不计较丈夫的抛弃，不计较他感情的背叛，她以为丈夫一定会回来。可是她没有想到，根本没有别的女人，丈夫只是不需要她了。她就算有再多力气、再包容的心，也无计可施。

这样的婚姻，真的是可悲到无以复加。

　　当我们谈到需要时，通常是指两个方面，一是生理层面的需要，二是心理层面的需要。我们需要吃饭、喝水、呼吸等才能存活，需要性行为才能繁衍。除了这些最基本的需要，婴儿需要爱抚，儿童需要陪伴，所有年龄段的人都需要被爱，否则他即便身体强健，也必定是个精神或心理发育不良的人。

　　孩子会随着年龄的增长，变得越来越不需要父母，这也是在为死别做准备。如果孩子一直像幼时那样离不开父母，死别就会变得尤其痛苦。

　　至于夫妻，二三十岁时，需要相互鼓励；四十岁时，需要彼此包容；五十岁时，需要互敬互爱；六七十岁时，需要相互陪伴……发誓要携手走完一生的夫妻，若是能一直彼此需要，当然再好不过。

　　艾玛患阿尔茨海默症已经7年了，这7年来一直是丈夫安东尼在照顾她。安东尼80岁生日这天，子女们聚在一起给他过生日。大儿子代表弟弟妹妹对父亲说："爸爸，我们在郊区找到了一家非常棒的疗养院，我们去看过了，那里的护理人员非常专业，环境也很好。我觉得我们可以放心地把妈妈送过去，您不必再这么操劳了。"见父亲没有回答，大儿子继续说："虽然在郊区，但是并不算太远，我们几个可以每周轮流开车带您过去看望妈妈。"

"不，我不能把她交给别人。"安东尼看着轮椅上的妻子，"不是你的妈妈需要我的照顾，是我需要照顾她，我需要她。"

孩子们当然理解父亲这句话是什么意思。父母结婚 50 多年，从来没有分开过。之前的 50 年，一直是母亲在照顾父亲，帮他洗衣煮饭，帮他养大五个孩子，送他上班，迎他下班；退休之后每天陪他散步，等他钓鱼回来，帮他收拾渔具。7 年前，当母亲开始一点一点失去生活能力的时候，父亲从被照顾的人变成照顾母亲的人，两个人很自然地交换了位置。如今虽然已经有些力不从心，可安东尼还是希望能够继续照顾艾玛，不是为了偿还什么，而是他真的需要她。

子女们没有强迫父母分开，而是在家里雇了看护，和父亲一起照顾已经完全丧失生活能力的母亲。

完全没有任何生活能力，无法表达，甚至无法聆听的艾玛，是年迈的安东尼最需要的人。我们无法用语言解释这种需要，但我们知道这是事实。

婚姻中的需要就是这么复杂，又是这么简单。当这种无法用任何需求理论去解释的需要出现时，你会发现，自己的心中竟然没有丝毫疑问，只有坚定。因为你追求幸福婚姻的目标已经实现了，它来得是那样悄无声息，而你拥有它时，又是那样从容踏实。

热情与爱，
是幸福婚姻的基本要素

为什么到现在为止，人类依然无法对婚姻中的问题进行全面彻底的分析？对于婚姻关系中的各种问题，心理学家、精神分析师们仍在各说各话，无法给出统一的答案。

也许是因为婚姻离我们太近，它无法充分刺激我们的好奇心，让我们无法把它当作值得系统深入探索的科学研究目标。也许是因为婚姻并不是单纯的心理学问题，它与社会学和文化风俗等方面的问题存在错综复杂的联系。

话已至此，我们不禁要问，婚姻心理学是否真的重要？实际上，婚姻心理学不仅重要，更是追求幸福婚姻的人们迫切需要的知识。

人们将婚姻关系中对精神生活的渴求视作强烈的感情，因此总是想牢牢抓住它。我们看到，人们进入婚姻关系时，会通过各种仪式和爱的誓言，无意识地为婚姻套上神圣的戒律。这在某种程度上，能起到对恨的抑制和对爱的夸大的效果。

我们假定爱是婚姻的必备条件，这就给我们为爱而奋斗提供了一个充分的理由。个体应该为家庭去劳作，去奉献，甚至做出牺牲。因此我们经常会看到这种现象，一个人甘愿为家庭牺牲个人的发展，他牺牲的可能是个人职业方面的发展空间，也可能是智慧、技能方面的进取机会。婚姻关系中，强烈的责任感甚至会使关系中的一方（或双方）变成另一方的奴隶，并心甘情愿地去忍受这种痛苦的地位。

看到这样的分析结果之后，我们不禁愕然：是什么使这样的关系不解体，反而相对稳定呢？

通过对案例的观察总结，我们发现，母性是普遍存在的。在婚姻关系中，很多女性在充当妻子角色的同时，还在充当母亲的角色，甚至在有些婚姻中，妻子已经缺位，只有母亲角色存在。母性的喜爱、关怀和责任，同样能使他们的婚姻关系保持稳定。

这种类型的婚姻对双方来说，依然是安全的港湾，但它建立在对爱的限制基础之上，丈夫和妻子间更深层次的生活，可能会因此变得枯燥无味。

别忘了，逃离母亲的庇护和约束同样是人的天性，这种天性使婚姻关系中的另一方产生疏远的念头，驱使他去寻找新的爱情目标。

这就是那些明明家中有别人眼中的完美伴侣，却仍然要和一个不及自己妻子（或丈夫）的人出轨的心理学解释。

掌握问题的心理学依据，可以让我们有意识地避免自己的婚姻向幸福的反方向发展。

由此可见，厘清婚姻问题中的心理学基础，仍是迫切需要我们去努力的方向。心理分析不仅能在个案中改善两性关系，还能帮我们修复童年的创伤，最重要的是可以避免极端的冲突。

精神分析治疗是一种古老的治疗方法。就苏格拉底与印度哲学的观点而言，它是经由自知而获得再定向的道路。心理分析师能帮助患者了解所有作用于他身上的力量，既包括阻碍性的，也包括建设性的，从而帮助患者对抗阻碍性的力量，催动建设性的力量。所有涉及的精神方面的知识，都有可能帮助大家找出让自己感到困扰的原因。

通过总结前文，我们发现，婚姻关系中同样存在两股力量，用物理学的语言概括，我们可以称之为向心力和离心力，而且对婚姻关系来说，这两股力量都是不可缺少的。这有助于我们理解，为什么没有且永远不可能有一种法则，可以解决婚姻生活中的这些矛盾冲突。

婚姻生活中出现冲突时，我们往往会在第一时间不由自主地想到，唯一的解决方案是分手。但是，我们对"婚姻中的冲突是不可避免的"理解得越深刻，就越有能力在现实生活中控制这些冲突。

冲突磨灭的是婚姻中的热情与爱，当冲突最大限度地消失，热情与爱就会最大限度地保留。热情与爱，正是幸福婚姻的基本要素。

最后，幸福的婚姻到底该去何处寻找？说到底，幸福的婚姻就在你和伴侣的心中，那些到处寻觅的人，恐怕无法找到。

只有审视自己的内心，才能找到幸福；只有夫妻同心，才能获得幸福的婚姻。

© ［美］卡伦·霍妮　董乐乐　2022

图书在版编目（CIP）数据

婚姻心理学 /（美）卡伦·霍妮著；董乐乐译 . —
沈阳：万卷出版有限责任公司 , 2022.6
ISBN 978-7-5470-5878-7

I. ①婚… II. ①卡… ②董… III. ①婚姻 – 社会心
理学 IV. ① C913.13

中国版本图书馆 CIP 数据核字 (2021) 第 260074 号

出 品 人：王维良
出版发行：北方联合出版传媒（集团）股份有限公司
　　　　　万卷出版有限责任公司
　　　　　（地址：沈阳市和平区十一纬路 25 号　邮编：110003）
印 刷 者：艺堂印刷（天津）有限公司
经 销 者：全国新华书店
幅面尺寸：140mm × 210mm
字　　数：155 千字
印　　张：9
出版时间：2022 年 6 月第 1 版
印刷时间：2022 年 6 月第 1 次印刷
责任编辑：张　莹
责任校对：尹葆华
监　　制：黄　利　万　夏
营销支持：曹莉丽
装帧设计：紫图装帧
ISBN 978-7-5470-5878-7
定　　价：59.90 元
联系电话：024-23284090
传　　真：024-23284448